神农架国家公园兰科植物图谱
The Orchids of Shennongjia National Park

主　编　王美娜　姜治国
副主编　杨敬元　李　健
　　　　张　成　饶文辉

东南大学出版社
SOUTHEAST UNIVERSITY PRESS
·南京·

图书在版编目(CIP)数据

神农架国家公园兰科植物图谱 / 王美娜,姜治国主编. -- 南京：东南大学出版社,2024.9
　　ISBN 978-7-5766-1373-5

Ⅰ.①神… Ⅱ.①王… ②姜… Ⅲ.①兰科—野生植物—神农架—图谱 Ⅳ.①Q949.71-64

中国国家版本馆CIP数据核字(2024)第070778号

策划编辑：陈　跃　　责任编辑：戴坚敏　　责任校对：子雪莲
封面设计：顾晓阳　　责任印制：周荣虎

神农架国家公园兰科植物图谱

Shennongjia Guojia Gongyuan Lankezhiwu Tupu

主　　编	王美娜　姜治国
出版发行	东南大学出版社
出 版 人	白云飞
社　　址	南京市四牌楼2号（邮编：210096　电话：025-83793330）
经　　销	全国各地新华书店
印　　刷	南京迅驰彩色印刷有限公司
开　　本	880mm×1230mm　1/32
印　　张	7.625
字　　数	293千字
版　　次	2024年9月第1版
印　　次	2024年9月第1次印刷
书　　号	ISBN 978-7-5766-1373-5
定　　价	130.00元

本社图书若有印装质量问题，请直接与营销部联系，电话：025-83791830。

序

神农架国家公园是我国设立的10个国家公园试点之一，它位于湖北省的西北部，拥有6座海拔超过3000米的高峰，是名副其实的"华中屋脊"。这里山势高耸、峡谷幽深、瀑布飞流、终年云雾缭绕、雨量充沛，为各种生物提供了优越的生长环境。其森林覆盖率达96%以上，拥有维管束植物3758种。是世界罕见的物种基因库，全球14个具有国际意义的生物多样性研究热点地区之一。

兰科植物是被子植物最进化的类群，种类丰富，具有重要的经济、文化和生态价值。兰科植物是国家重点保护野生植物的第一大类群，神农架林区共有国家重点保护野生植物79种，其中兰科植物就有21种，占26.58%。包括一级重点保护的曲茎石斛；二级保护的金线兰、白及、独花兰、杜鹃兰、蕙兰、多花兰、春兰、大叶杓兰、黄花杓兰、毛杓兰、绿花杓兰、扇脉杓兰、毛瓣杓兰、细叶石斛、罗河石斛、铁皮石斛、大花石斛、天麻、西南手参、独蒜兰等，它们在神农架的物种保护中具有举足轻重的作用。因此，摸清国家公园兰科资源家底,有助于科学制定生态保护和管理计划,促进当地居民对传统植物文化的认同,推动文化遗产的保护和传承,对神农架高水平保护、高质量发展均具有重要意义。

作者通过对神农架地区为期多年的野外兰科植物专项考察,在分类鉴定的基础上,编撰出版了我国首部国家公园兰科植物图谱——《神农架国家公园兰科植物图谱》。该书收录该区兰科植物102种2变种,内容包括每种植物的形态特征、分布与生境、种群数量等。该书图文并茂,文字简明扼要、图片清晰、鉴定准确,是一部集科学性、实用性与科普性于一体的著作,可供植物分类学者、国家公园或者保护区工作人员、相关生物学专业师生、自然爱好者等参考使用。同时,该书的出版将为神农架的保护规划、物种监测、资源信息化建设和保护成效评价等提供基础资料。是为序。

邢福武

2024年6月

前　言

认识神农架，对我来讲是一趟神奇的人生旅途。

未去神农架之前，我所耳闻的神农架充满神秘和奇幻。实地考察的这一年，我经历了人生重大的转变。在神农架考察的前一天，我自测结果是腹中已孕育生命。怀着忐忑和不确定的心情，我依然踏上了神农架考察之旅。带着这个小生命，我奔波在神农架的各个山头，官门山、板壁岩、老君山、神农顶、天生桥、红坪镇、神农谷、大九湖……偶尔于山顶休息喘息，听着风从耳边呼啸而过，是一种别样的爽畅和自然。养育宝宝的这一年，我始知幸福与快乐并不完全画等号，你忙碌、你伤怀、你处于困难甚至有未决之痛，但你依然可以很幸福。渐入不惑之年渐渐解开人生一些深层次的不惑。

在植物界中，提到兰科(Orchidaceae)植物，永远都是最为独特的类群，有太多值得称颂赞扬的特质。兰科植物，俗称兰花(Orchids)，是植物界中最大且多样性最丰富的类群之一，全科有700多属，30,000余种，它们起源古老，同时仍在经历快速的分化和物种形成，据统计兰科植物是全世界每年发表新种最多的类群。兰科植物约占开花植物的10%，具有独特丰富的花形。兰花生命脆弱，其受威胁程度在全世界范围内都是最高的，几乎全部野生兰科植物均处于不同程度的濒危状态，均在《濒危野生动植物种国际贸易公约》（CITES）保护之列，占该公约保护的全球植物的90%以上。在我国，兰科植物也是受威胁程度最高的植物类群，是我国《国家重点保护野生植物名录》中占比最大的植物类群。兰花又生命顽强、生活方式多样，它们有地生、附生、腐生，且成功占据着地球上各种栖息地类型，在地球生命系统演化中占有十分独特且重要的地位。

神农架国家公园有"绿色宝库"之誉，是全球生物多样性热点地区之一，是世界同纬度地区唯一一块绿色宝地，具有比其他温带森林生态系统更为丰富、更具全球意义的生物多样性。属北亚热带季风气候区，为亚热带气候向温带气候过渡区，南北植物在此汇聚，低海拔处分布有部分亚热带物种，高海拔处物种温带特征显著。神农架地区生境多样、气候复杂，孕育了丰富的兰科植物资源。本书收载了神农架地区兰科植物的4亚科、39属、102种2变种。每个物种都附有文字描述、生境、地理分布、保护级别和濒危等级，并配上精美图片。对专业研究者、大专院校师生和社会公众都有参考价值。在编写过程中，书中难免存在疏漏和错误,诚挚希望广大读者不吝指正,以帮助我们不断完善这本图谱。

  本书编写过程中得到以下各位同事、同行的帮助或者供图:陈旭辉、段晓娟、金效华、刘金刚、刘卫荣、谭飞、阳亿、赵宏、张代贵、周建军和朱鑫鑫。在此向他们致以诚挚的谢意!

王美娜

2024年7月

目　录

神农架国家公园自然资源概况 ··· 001
兰科植物简介 ·· 003
神农架国家公园兰科植物分布和特点 ································· 005
神农架国家公园兰科植物分布 ·· 005
神农架国家公园兰科植物种类 ·· 006

香荚兰亚科 Subfam. Vanilloideae Szlach. ······················· 008
肉果兰属 *Cyrtosia* Blume ··· 008
毛萼山珊瑚 *Cyrtosia lindleyana* Hook.f. & Thomson ········· 008
朱兰属 *Pogonia* Juss. ·· 010
朱兰 *Pogonia japonica* Rchb.f. ··· 010

杓兰亚科 Subfam. Cypripedioideae Lindl. ex Endl. ········ 012
杓兰属 *Cypripedium* L. ··· 012
对叶杓兰 *Cypripedium debile* Rchb.f. ······························· 012
毛瓣杓兰 *Cypripedium fargesii* Franch. ···························· 014
华西杓兰 *Cypripedium farreri* W.W.Sm. ··························· 016
大叶杓兰 *Cypripedium fasciolatum* Franch. ······················ 018
黄花杓兰 *Cypripedium flavum* P.F.Hunt & Summerh. ········ 020

毛杓兰 *Cypripedium franchetii* Rolfe ·················· 022

紫点杓兰 *Cypripedium guttatum* Sw. ·················· 024

绿花杓兰 *Cypripedium henryi* Rolfe ·················· 026

扇脉杓兰 *Cypripedium japonicum* Thunb. ·················· 028

离萼杓兰 *Cypripedium plectrochilum* Franch. ·················· 030

红门兰亚科 Subfam. Orchidoideae Eaton ·················· 032

金线兰属 *Anoectochilus* Blume ·················· 032

　　金线兰 *Anoectochilus roxburghii*（Wall.）Lindl. ·················· 032

叠鞘兰属 *Chamaegastrodia* Makino & F.Maek. ·················· 034

　　川滇叠鞘兰 *Chamaegastrodia inverta*（W.W.Sm.）Seidenf. ·················· 034

掌裂兰属 *Dactylorhiza* Neck. ex Nevski ·················· 036

　　凹舌兰 *Dactylorhiza viridis*（L.）R.M.Bateman, Pridgeon & M.W.Chase ·················· 036

火烧兰属 *Epipactis* Zinn ·················· 038

　　火烧兰 *Epipactis helleborine*（L.）Crantz ·················· 038

　　大叶火烧兰 *Epipactis mairei* Schltr. ·················· 040

斑叶兰属 *Goodyera* R.Br. ·················· 042

　　大花斑叶兰 *Goodyera biflora*（Lindl.）Hook.f. ·················· 042

　　莲座叶斑叶兰 *Goodyera brachystegia* Hand.-Mazz. ·················· 044

　　多叶斑叶兰 *Goodyera foliosa*（Lindl.）Benth. ex C.B. Clarke ·················· 046

　　光萼斑叶兰 *Goodyera henryi* Rolfe ·················· 048

　　小斑叶兰 *Goodyera repens*（L.）R.Br. ·················· 050

　　斑叶兰 *Goodyera schlechtendaliana* Rchb.f. ·················· 052

　　绒叶斑叶兰 *Goodyera similis* Blume ·················· 054

手参属 *Gymnadenia* R.Br. ·················· 056

　　西南手参 *Gymnadenia orchidis* Lindl. ·················· 056

玉凤花属 *Habenaria* Willd. ·················· 058

毛莛玉凤花 *Habenaria ciliolaris* Kraenzl. ⋯⋯⋯⋯⋯⋯⋯⋯⋯⋯⋯⋯ 058

长距玉凤花 *Habenaria davidii* Franch. ⋯⋯⋯⋯⋯⋯⋯⋯⋯⋯⋯⋯ 060

鹅毛玉凤花 *Habenaria dentata*（Sw.）Schltr. ⋯⋯⋯⋯⋯⋯⋯⋯⋯ 062

宽药隔玉凤花 *Habenaria limprichtii* Schltr. ⋯⋯⋯⋯⋯⋯⋯⋯⋯⋯ 064

舌喙兰属 *Hemipilia* Lindl. ⋯⋯⋯⋯⋯⋯⋯⋯⋯⋯⋯⋯⋯⋯⋯⋯⋯⋯⋯ 066

广布小红门兰 *Hemipilia chusua*（D. Don）Y. Tang & H. Peng ⋯⋯⋯ 066

二叶兜被兰 *Hemipilia cucullata*（L.）Y.Tang, H.Peng & T. Yukawa ⋯ 068

扇唇舌喙兰 *Hemipilia flabellata* Bureau & Franch. ⋯⋯⋯⋯⋯⋯⋯ 070

无柱兰 *Hemipilia gracilis*（Bl.）Y.Tang, H.Peng & T.Yukawa ⋯⋯ 072

裂唇舌喙兰 *Hemipilia henryi* Rolfe ⋯⋯⋯⋯⋯⋯⋯⋯⋯⋯⋯⋯⋯ 074

一花无柱兰 *Hemipilia monantha*（Finet）Y.Tang & H.Peng ⋯⋯⋯ 076

角盘兰属 *Herminium* L. ⋯⋯⋯⋯⋯⋯⋯⋯⋯⋯⋯⋯⋯⋯⋯⋯⋯⋯⋯⋯⋯ 078

叉唇角盘兰 *Herminium lanceum*（Thunb. ex Sw.）Vuijk ⋯⋯⋯⋯ 078

齿唇兰属 *Odontochilus* Blume ⋯⋯⋯⋯⋯⋯⋯⋯⋯⋯⋯⋯⋯⋯⋯⋯⋯ 080

全唇兰 *Odontochilus chinensis*（Rolfe）T.Yukawa ⋯⋯⋯⋯⋯⋯⋯ 080

西南齿唇兰 *Odontochilus elwesii* C.B.Clarke ex Hook.f. ⋯⋯⋯⋯ 082

阔蕊兰属 *Peristylus* Blume ⋯⋯⋯⋯⋯⋯⋯⋯⋯⋯⋯⋯⋯⋯⋯⋯⋯⋯ 084

小花阔蕊兰 *Peristylus affinis*（D.Don）Seidenf. ⋯⋯⋯⋯⋯⋯⋯⋯ 084

舌唇兰属 *Platanthera* Rich. ⋯⋯⋯⋯⋯⋯⋯⋯⋯⋯⋯⋯⋯⋯⋯⋯⋯⋯ 086

对耳舌唇兰 *Platanthera finetiana* Schltr. ⋯⋯⋯⋯⋯⋯⋯⋯⋯⋯⋯ 086

密花舌唇兰 *Platanthera hologlottis* Maxim. ⋯⋯⋯⋯⋯⋯⋯⋯⋯⋯ 088

舌唇兰 *Platanthera japonica*（Thunb.）Lindl. ⋯⋯⋯⋯⋯⋯⋯⋯⋯ 090

小舌唇兰 *Platanthera minor*（Miq.）Rchb.f. ⋯⋯⋯⋯⋯⋯⋯⋯⋯⋯ 092

东亚舌唇兰 *Platanthera ussuriensis*（Regel）Maxim. ⋯⋯⋯⋯⋯⋯ 094

绶草属 *Spiranthes* Rich. ⋯⋯⋯⋯⋯⋯⋯⋯⋯⋯⋯⋯⋯⋯⋯⋯⋯⋯⋯⋯ 096

香港绶草 *Spiranthes hongkongensis* S.Y.Hu & Barretto ⋯⋯⋯⋯ 096

绶草 *Spiranthes sinensis*（Pers.）Ames ·········· 098

线柱兰属 *Zeuxine* Lindl. ·········· 100

    线柱兰 *Zeuxine strateumatica*（L.）Schltr. ·········· 100

树兰亚科 Subfam. Epidendroideae Lindl. ex Endl. ·········· 102

白及属 *Bletilla* Rchb.f. ·········· 102

    小白及 *Bletilla formosana*（Hayata）Schltr. ·········· 102

    黄花白及 *Bletilla ochracea* Schltr. ·········· 104

    白及 *Bletilla striata*（Thunb.）Rchb.f. ·········· 106

石豆兰属 *Bulbophyllum* Thouars ·········· 108

    广东石豆兰 *Bulbophyllum kwangtungense* Schltr. ·········· 108

    密花石豆兰 *Bulbophyllum odoratissimum*（Sm.）Lindl. ex Wall. ·········· 110

    毛药卷瓣兰 *Bulbophyllum omerandrum* Hayata ·········· 112

    斑唇卷瓣兰 *Bulbophyllum pecten-veneris*（Gagnep.）Seidenf. ·········· 114

虾脊兰属 *Calanthe* R.Br. ·········· 116

    泽泻虾脊兰 *Calanthe alismifolia* Lindl. ·········· 116

    流苏虾脊兰 *Calanthe alpina* J.D.Hook. ex Lindl. ·········· 118

    弧距虾脊兰 *Calanthe arcuata* Rolfe ·········· 120

    肾唇虾脊兰 *Calanthe brevicornu* Lindl. ·········· 122

    剑叶虾脊兰 *Calanthe davidii* Franch. ·········· 124

    虾脊兰 *Calanthe discolor* Lindl. ·········· 126

    钩距虾脊兰 *Calanthe graciliflora* Hayata ·········· 128

    细花虾脊兰 *Calanthe mannii* Hook. f. ·········· 130

    大黄花虾脊兰 *Calanthe striata* R. Br. ex Spreng. ·········· 132

    三棱虾脊兰 *Calanthe tricarinata* Lindl. ·········· 134

    巫溪虾脊兰 *Calanthe wuxiensis* H.P.Deng & F.Q.Yu ·········· 136

    峨边虾脊兰 *Calanthe yueana* T.Tang & F.T.Wang ·········· 138

头蕊兰属 *Cephalanthera* Rich. ··· 140

　　银兰 *Cephalanthera erecta* (Thunb.) Blume ································ 140

　　金兰 *Cephalanthera falcata* (Thunb.) Blume ································ 142

　　头蕊兰 *Cephalanthera longifolia*（L.）Fritsch ···························· 144

独花兰属 *Changnienia* S.S.Chien ··· 146

　　独花兰 *Changnienia amoena* S.S.Chien ······································ 146

贝母兰属 *Coelogyne* Lindl. ·· 148

　　云南石仙桃 *Coelogyne kouytcheensis* (Gagnep.) M.W. Chase & Schuit. ··· 148

　　瘦房兰 *Coelogyne mandarinorum* Kvaenzl. ································ 150

杜鹃兰属 *Cremastra* Lindl. ·· 152

　　杜鹃兰 *Cremastra appendiculata*（D.Don）Makino ···················· 152

兰属 *Cymbidium* Sw. ··· 154

　　蕙兰 *Cymbidium faberi* Rolfe ·· 154

　　多花兰 *Cymbidium floribundum* Lindl. ····································· 156

　　春兰 *Cymbidium goeringii*（Rchb.f.）Rchb.f. ···························· 158

　　兔耳兰 *Cymbidium lancifolium* Hook. ······································ 160

石斛属 *Dendrobium* Sw. ··· 162

　　单叶厚唇兰 *Dendrobium fargesii* Finet ···································· 162

　　曲茎石斛 *Dendrobium flexicaule* Z.H.Tsi, S.C.Sun & L.G.Xu ········· 164

　　细叶石斛 *Dendrobium hancockii* Rolfe ···································· 166

　　罗河石斛 *Dendrobium lohohense* Ts.Tang & F.T.Wang ················ 168

　　铁皮石斛 *Dendrobium officinale* Kimura & Migo ······················· 170

　　大花石斛 *Dendrobium wilsonii* Rolfe ······································· 172

虎舌兰属 *Epipogium* J.G.Gmel. ex Borkh. ································· 174

　　裂唇虎舌兰 *Epipogium aphyllum* Sw. ······································· 174

盆距兰属 *Gastrochilus* D.Don ··· 176

台湾盆距兰 *Gastrochilus formosanus*（Hayata）Hayata ············ 176
天麻属 *Gastrodia* R.Br. ············ 178
 天麻 *Gastrodia elata* Blume ············ 178
羊耳蒜属 *Liparis* Rich. ············ 180
 羊耳蒜 *Liparis campylostalix* Rchb.f. ············ 180
 小羊耳蒜 *Liparis fargesii* Finet ············ 182
 见血青 *Liparis nervosa*（Thunb.）Lindl. ············ 184
 香花羊耳蒜 *Liparis odorata*（Willd.）Lindl. ············ 186
 长唇羊耳蒜 *Liparis pauliana* Hand.-Mazz. ············ 188
沼兰属 *Malaxis* Sol. ex Sw. ············ 190
 原沼兰 *Malaxis monophyllos*（L.）Sw. ············ 190
鸟巢兰属 *Neottia* Guett. ············ 192
 尖唇鸟巢兰 *Neottia acuminata* Schltr. ············ 192
 花叶对叶兰 *Neottia puberula* var. *maculata*（Ts.Tang & F.T.Wang）S.C.Chen,
  S.W.Gale & P.J.Cribb ············ 194
 大花对叶兰 *Neottia wardii*（Rolfe）Szlach. ············ 196
鸢尾兰属 *Oberonia* Lindl. ············ 198
 狭叶鸢尾兰 *Oberonia caulescens* Lindl. ············ 198
山兰属 *Oreorchis* Lindl. ············ 200
 长叶山兰 *Oreorchis fargesii* Finet ············ 200
 囊唇山兰 *Oreorchis foliosa* var. *indica*（Lindl.）N.Pearce & P.J.Cribb ······ 202
 硬叶山兰 *Oreorchis nana* Schltr. ············ 204
鹤顶兰属 *Phaius* Lour. ············ 206
 黄花鹤顶兰 *Phaius flavus*（Blume）Lindl. ············ 206
钻柱兰属 *Pelatantheria* Ridl ············ 208
 蜈蚣兰 *Pelatantheria scolopendrifolium*（Makino）Aver. ············ 208

独蒜兰属 *Pleione* D.Don ········· 210
    独蒜兰 *Pleione bulbocodioides* (Franch.) Rolfe ········· 210
白点兰属 *Thrixspermum* Lour. ········· 212
    小叶白点兰 *Thrixspermum japonicum* (Miq.) Rchb.f. ········· 212
筒距兰属 *Tipularia* Nutt. ········· 214
    筒距兰 *Tipularia szechuanica* Schltr. ········· 214

参考文献 ········· 216

中文名索引 ········· 218

拉丁名索引 ········· 222

神农架国家公园自然资源概况

神农架国家公园位于湖北西北部，地理位置为东经109°56′至110°42′、北纬31°18′至31°42′，总面积达1170平方公里。神农架山体属秦岭－大巴山脉，自西部亚高山地带逐渐过渡至东部低山区。地理范围包括东部保康和兴山，南部巴东，西部竹山、巫山和巫溪，以及北部房县。北面紧邻武当山脉，南面与长江接壤，西边与重庆巫山毗邻，东部与低山的荆山山脉地区相连。

神农架国家公园最高处为神农顶，海拔3106.4米，是华中地区的最高点，最低处位于石柱河，海拔398米。神农架国家公园是湖北省境内长江和汉江的分水岭，同时也是长江支流香溪河、沿渡河以及汉江支流南河和堵河的源头地。地貌类型的多样性赋予其各种不同的生态环境，包括山地、流水、喀斯特以及冰川地貌。神农架国家公园属于北亚热带季风气候，年平均气温为12.1 ℃，夏季7月平均气温为19.9 ℃，冬季1月平均气温为−2.4 ℃。气温范围跨度大，最高温度38.8 ℃，最低温度−9.8 ℃。土壤类型在神农架也呈现从山地黄棕壤到山地暗棕壤的明显垂直分布差异。

神农架是我国生物多样性保护的重要地区，区内植物种类多样，有众多的珍稀和孑遗植物，如珙桐（*Davidia involucrata* Baill.）、连香树（*Cercidiphyllum japonicum* Siebold & Zucc. ex J. J.

Hoffm. & J. H. Schult. bis）等，是第四纪冰期重要的避难所。该区保存完好的原始森林是北半球常绿落叶阔叶混交林生态系统的典型代表，植物多样性极为丰富。该区从低海拔到高海拔依次保存有常绿阔叶林、常绿落叶阔叶混交林、落叶阔叶林、针阔混交林、针叶林，以及亚高山灌丛和亚高山草甸（吴浩等，2021）。《神农架地区植物志》（邓涛等，2017）记载维管束植物210科1186属3684种（包含种下等级，包括栽培物种）。植物区系从北温带向北亚热带过渡，主要优势科有菊科（Asteraceae）、蔷薇科（Rosaceae）、禾本科（Poaceae）、百合科（Liliaceae）、唇形科（Labiatae）、豆科（Fabaceae）、毛茛科（Ranunculaceae）、莎草科（Cyperaceae）、兰科（Orchidaceae）、伞形科（Apiaceae）和玄参科（Scrophulariaceae）等。

地生（无柱兰）　　附生（蜈蚣兰）　　腐生（尖唇鸟巢兰）

兰科植物简介

兰科植物是被子植物中物种数量第二大科，是单子叶植物中的第一大科。全世界约有700多属、30 000多种兰科植物，广泛分布于除南极和极端干旱沙漠以外的各种陆地生态系统中，大多生于潮湿的热带或者亚热带地区。基于分子系统学和形态学，兰科植物被划分为5个亚科，即拟兰亚科（Apostasioidea）、香荚兰亚科（Vanilloideae）、杓兰亚科（Cypripediodeae）、红门兰亚科（Orchidoideae）和树兰亚科（Epidendroideae）。

兰科植物的种子没有胚乳，从种子萌芽到原球茎（原球茎是一个小的球状体，无根、茎和叶）阶段，依靠共生真菌提供营养维持生长发育。大多数的兰科植物发育成熟后会长出根、茎和叶，通过光合作用制造营养维持生命，被称为自养型兰花。有一部分兰科植物发育成熟能够利用光合作用并兼顾从共生真菌获得营养，被称为混合异养型兰花，如杜鹃兰 [*Cremastra appendiculata* (D. Don) Makino] 和头蕊兰 [*Cephalanthera longifolia* (L.) Fritsch]。另外，还有极少一部分兰科植物成年后植物体无叶、无叶绿体，不能进行光合作用，继续利用共生真菌吸收营养，被称为完全异养型兰花（腐生型兰花），如天麻（*Gastrodia elata* Bl.）、毛萼山珊瑚（*Cyrtosia lindleyana* Hook.f. & Thomson）。

兰科植物的生活方式有地生、附生和腐生，稀为攀缘藤本；地生和腐生种类常具块茎或者肥大的根状茎，附生种类常有茎的一部分膨大成肉质的假鳞茎。叶基生或茎生。花序顶生或侧生，成总状花序或圆锥花序，单花或多花；花梗和子房常扭转；花两性，通常两侧对称；花被片6，2轮；离生或部分合生；花常具距或囊；中央花瓣特化为唇瓣。具蕊柱和蕊喙；花粉常粘合成团块；子房下位，1室，侧膜胎座，较少3室具中轴胎座；果常为蒴果，少荚果；种子极多，细小，无胚乳，具翅。

神农架国家公园兰科植物分布和特点

神农架国家公园兰科植物分布

神农架多样的地理环境和复杂的气候条件，孕育了物种多样的兰科植物。低海拔（1000米以下）地区主要分布偏热带性质类群的兰花，如金线兰 [*Anoectochilus roxburghii* (Wall.) Lindl.]、兰属（*Cymbidium* Sw.）、石豆兰属（*Bulbophyllum* Thouars）、石斛属（*Dendrobium* Sw.）、玉凤花属（*Habenaria* Willd.）、黄花鹤顶兰 [*Phaius flavus* (Bl.) Lindl.] 等。中海拔（1000~2000米）地区主要分布偏亚热带性质类群的兰花，如杜鹃兰（*Cremastra appendiculata* Lindl.）、独蒜兰（*Pleione bulbocodioides* D.Don）、毛萼山珊瑚（*Cyrtosia lindleyana* Hook.f. & Thomson）、头蕊兰属（*Cephalanthera* Rich.）等。高海拔（2000米以上）地区分布偏温带性质类群的兰花，如杓兰属（*Cypripedium* L.）、山兰属（*Oreorchis* Lindl.）、原沼兰 [*Malaxis monophyllos* (L.) Sw.]、川滇叠鞘兰 [*Chamaegastrodia inverta* (W. W. Sm.) Seidenf.]、鸟巢兰属 [*Neottianthe* (Rchb.) Schltr.]、西南手参（*Gymnadenia orchidis* Lindl.）等。

兰科植物种类分布最多的在阴峪河、宋洛、金猴岭，其次为老君山、官门山、板壁岩、大九湖、下谷坪、神农顶等。

神农架国家公园兰科植物种类

近年来随着形态学和分子系统学的深入研究,兰科植物的属间关系发生了很大的变化。毛萼山珊瑚(*Cyrtosia lindleyana* Hook.f. & Thomson)曾经被放在山珊瑚属(*Galeola* Lour.),现又被移动到肉果兰属(*Cyrtosia* Blume)(Averyanov, 2011)。小红门兰属(*Ponerorchis* Rchb.f.)和无柱兰属(*Amitostigma* Schltr.)被放在舌喙兰属(*Hemipilia* Lindl.),涉及的物种有广布小红门兰[原学名为*Ponerorchis chusua*(D.Don)Soó]、无柱兰[原学名为*Amitostigma gracile*(Blume)Schltr.]和一花无柱兰[原学名为*A. monanthum*(Finet)Schltr.](Tang et al., 2015)。

在文献资料整理过程中我们发现前人一些错误,在此进行勘误。湖北是否分布有斑叶杓兰(*Cypripedium margaritaceum* Franch.)、毛瓣杓兰(*C. fargesii* Franch.)和紫点杓兰(*C. guttatum* Sw.)是有争议的。《湖北植物大全》(郑重,1993)和《湖北植物志》(傅书遐等,2002)中的斑叶杓兰是瓣杓兰的错误鉴定,斑叶杓兰仅分布在四川西南和云南部(Chen et al. 2007),根据现有的标本信息和野外考察数据,我们也认为神农架地区不产此种杓兰。杨林森等(2017)还记载湖北有紫点杓兰,采用的依据是《湖北植物大全》(郑重,1993),经再核对后发现该书中并没有收录此种。我们还发现《神农架植物志》(邓涛等,2017)中斑叶杓兰使用的图片实为紫点杓兰。经过野外考察,在神农架国家公园的万朝山我们发现了毛瓣杓兰,在金猴岭发现了紫点杓兰。因此,可以确认湖北有毛瓣杓兰和紫点杓兰。斑叶杓兰仅分布在四川西南和云南西部,目前并未在湖北发现。

《神农架植物志》(邓涛等,2017)中使用的峨边虾脊兰(*Calanthe yueana* Ts.Tang et F.T.Wang)图片实为近年来发表的新种巫溪虾脊兰(*C. wuxiensis* H.P.Deng & F.Q.Yu)(Yu et al., 2017),小山兰

[*Oreorchis foliosa* var. *indica*（Lindl.） N.Pearce & P.J.Cribb］图片实为硬叶山兰（*O. nana* Schltr.），金唇兰（*Chrysoglossum ornatum* Blume）图片实为全唇兰（*Odontochilus chinensis* （Rolfe） T. Yukawa）。

结合最新分类研究（Averyanov，2011；Chase et al.，2015；Tang et al.，2015；Yukawa et al., 2016；Liu et al., 2019；Liu et al., 2020；Schuiteman et al., 2022；Qiu et al., 2023；POWO，2024），本书共收录神农架地区兰科植物39属102种2变种，隶属于兰科植物除原始的拟兰亚科（Apostasioideae）外的4个亚科，即香荚兰亚科（Vanilloideae）、杓兰亚科（Cypripedioideae）、红门兰亚科（Orchidoideae）和树兰亚科（Epidendroideae）。同时，本书收录神农架地区新记录有8种，湖北新记录有4种，详见下表。

神农架国家公园和湖北兰科植物新分布信息

序号	物　种	神农架新分布	湖北新分布
1	华西杓兰 *Cypripedium farreri* S.S.Sm.	√	√
2	毛瓣杓兰 *Cypripedium fargesii* Franch.	√	
3	多叶斑叶兰 *Goodyera foliosa* (Lindl.) Benth. ex C. B. Clarke	√	
4	全唇兰 *Odontochilus chinensis* (Rolfe) T.Tukawa	√	
5	西南齿唇兰 *Odontochilus elwesii* C.B.Clarke ex Hook.f.	√	
6	硬叶山兰 *Oreorchis nana* Schltr.	√	
7	囊唇山兰 *Oreorchis foliosa* var. *indica*(Lindl.)N.Pearce & P.J.Cribb	√	√
8	香港绶草 *Spiranthes hongkongensis* S.Y.Hu & Barretto	√	√

本书还对神农架地区兰科植物的IUCN濒危等级、CITES附录收录、国家重点保护等级进行了描述，其中：

EN: 濒危　　VU: 易危　　NT: 近危　　LC: 无危　　NE: 未评估
CITES附录Ⅱ:收录于CITES附录Ⅱ
国家重点保护等级Ⅰ:国家一级重点保护野生植物
国家重点保护等级Ⅱ:国家二级重点保护野生植物

香荚兰亚科
Subfam. Vanilloideae Szlach.

肉果兰属 *Cyrtosia* Blume

▶ 毛萼山珊瑚 *Cyrtosia lindleyana* Hook.f. & Thomson
　IUCN 濒危等级：NE
　CITES 附录：Ⅱ

　　腐生，半灌木状。茎直立，红褐色。圆锥花序，具10余朵花；花苞片卵形；花黄色；中萼片椭圆形；侧萼片卵状椭圆形；花瓣宽卵形；唇瓣凹陷成杯状，近半球形，不裂，边缘具短流苏，内面被乳突状毛，近基部处有1个平滑的胼胝体。花期5~8月。

　　宋洛有分布。野外种群数量较少；生于海拔1400米的疏林下。

朱兰属 *Pogonia* Juss.

▶ 朱兰 *Pogonia japonica* Rchb.f.
IUCN 濒危等级：NE
CITES 附录：Ⅱ

地生。茎直立，纤细，具1枚叶。叶稍肉质，近长圆形或长圆状披针形。花苞片叶状，狭长圆形、线状披针形或披针形；花梗和子房明显短于花苞片；花单朵顶生，向上斜展，常紫红色或淡紫红色；萼片狭长圆状倒披针形；花瓣与萼片相似，近等长，但明显较宽；唇瓣近狭长圆形，中部以上3裂；侧裂片顶端有不规则缺刻或流苏；中裂片舌状或倒卵形，约占唇瓣全长的2/5~1/3，边缘具流苏状齿缺；自唇瓣基部有2~3条纵褶片延伸至中裂片上，在中裂片上变为鸡冠状流苏。花期5~7月。

神农架国家公园各地都有分布。野外种群数量较少；生于山顶草丛中、山谷旁林下、灌丛下湿地或其他湿润之地，海拔400~2000米。

杓兰亚科
Subfam. Cypripedioideae Lindl. ex Endl.

杓兰属 *Cypripedium* L.

▶ 对叶杓兰 *Cypripedium debile* Rchb. f.
　IUCN濒危等级：VU
　CITES附录：Ⅱ
　国家重点保护等级：Ⅱ

　　地生。茎直立，纤细，顶端生2枚叶，对生或近对生；叶片宽卵形。花序顶生，具1花；花苞片线形；中萼片狭卵状披针形；合萼片与中萼片相似；花瓣披针形；唇瓣深囊状。花期5~7月。
　　仅在兴山县万朝山有分布。野外种群数量极少；生于海拔2000米的岩石草坡上。

▶ 毛瓣杓兰 *Cypripedium fargesii* Franch.
　IUCN 濒危等级：EN
　CITES 附录：Ⅱ
　国家重点保护等级：Ⅱ

地生。茎直立，包藏于2~3枚近圆筒形的鞘内，顶端具2枚叶。叶近对生，铺地；叶片宽椭圆形至近圆形，上面有黑栗色斑点。花顶生，具1花；无花苞片；中萼片卵形至宽卵形，背面脉上被微柔毛；合萼片椭圆状卵形；花瓣长圆形，背面上侧尤其接近顶端处密被长柔毛；唇瓣深囊状，近球形。花期5~7月。

仅在兴山县万朝山有分布。野外种群数量极少；生于海拔1900~2000米的灌丛下、疏林中或草坡上。

华西杓兰 *Cypripedium farreri* W.W.Sm.
IUCN 濒危等级：EN
CITES 附录：Ⅱ
国家重点保护等级：Ⅱ

地生。茎直立，具2枚叶。叶片椭圆形。花序顶生，具1花；花序柄上部近顶端处被短柔毛；花苞片叶状，椭圆形至卵形；花梗和子房被腺毛；花有香气，萼片与花瓣绿黄色具较密集的栗色纵条纹，唇瓣蜡黄色，囊内有栗色条纹及斑点；中萼片卵形或卵状椭圆形；合萼片卵状披针形；花瓣披针形；唇瓣深囊状，壶形；囊口位于近唇瓣基部，囊口边缘呈齿状。花期6月。

大九湖有分布，野外种群数量极少；生于海拔2000~2800米的疏林下多石草丛中或荫蔽岩壁上。

▶ 大叶杓兰 *Cypripedium fasciolatum* Franch.
　IUCN 濒危等级：EN
　CITES 附录：Ⅱ
　国家重点保护等级：Ⅱ

　　地生。茎直立，无毛或在靠近上部的节处被短柔毛，基部具 3~4 枚叶。叶椭圆形。花序顶生，具单花；花序柄上部被短柔毛；花苞片叶状，椭圆形；花有香气，黄色，萼片与花瓣上具栗色纵条纹；中萼片卵状椭圆形，背面脉上稍被短柔毛；合萼片卵状椭圆形，线状披针形；唇瓣深囊状，近球形或椭圆形，囊口周围具齿状边缘，外表面无毛。花期 4~6 月。

　　神农架国家公园散布，野外种群数量极少；生于海拔 1600~2900 米的疏林中、山坡灌丛下或草坡上。

▶ 黄花杓兰 *Cypripedium flavum* P.F.Hunt & Summerh.
　IUCN濒危等级：VU
　CITES附录：Ⅱ
　国家重点保护等级：Ⅱ

　　地生。茎直立，密被短柔毛，基部具3~6枚较疏离的叶。叶片椭圆形。花序顶生，通常具1花；花序柄被短柔毛；花苞片叶状，椭圆状披针形，被短柔毛；花梗和子房密被白色；花黄色，有时花瓣及萼片具栗色斑纹及斑点；中萼片椭圆形至宽椭圆形；合萼片宽椭圆形；花瓣长圆形；唇瓣深囊状，椭圆形，两侧和前沿均有较宽阔的内折边缘，囊底具白色长柔毛。花果期5~9月。

　　神农架国家公园高海拔地区广布，野外种群较少；生于海拔1500~2200米的林下、林缘、灌丛中或草地上多石湿润之地。

毛杓兰 *Cypripedium franchetii* Rolfe

IUCN 濒危等级：EN
CITES 附录：Ⅱ
国家重点保护等级：Ⅱ

地生。茎直立，基部具3~6枚叶。叶片椭圆形。花序顶生，具1花；花苞片叶状，椭圆形；花淡紫红色，有深色脉纹；中萼片椭圆状卵形，背面脉上疏被短柔毛，边缘具细缘毛；合萼片椭圆状卵形，背面脉上被短柔毛，边缘具细缘毛，先端2浅裂；花瓣披针形，内表面基部被长柔毛；唇瓣深囊状。花期5~7月。

松柏大长岭、宋洛、新华（西沟）、金猴岭有分布，野外种群数量较少；生于海拔2500~2900米的疏林下或湿润草坡。

▶ 紫点杓兰 *Cypripedium guttatum* Sw.
　IUCN 濒危等级：LC
　CITES 附录：Ⅱ
　国家重点保护等级：Ⅱ

　　地生。茎直立，被短柔毛和腺毛，基部具数枚鞘。具2枚常对生或近对生叶；叶片椭圆形。花序顶生，具1花；花苞片叶状，卵状披针形；花白色，具淡紫红色；中萼片卵状椭圆形；合萼片狭椭圆形，先端2浅裂；花瓣常近匙形或提琴形，先端常略扩大并近浑圆；唇瓣深囊状，钵形。蒴果下垂。花期5~7月，果期8~9月。

　　金猴岭有分布，野外种群数量极少；生于海拔2900~3050米的草坡上。

绿花杓兰 *Cypripedium henryi* Rolfe
IUCN濒危等级：VU
CITES附录：Ⅱ
国家重点保护等级：Ⅱ

地生。茎直立，被短柔毛，基部具数枚鞘，顶端具4~5枚叶。叶椭圆形至卵状披针形。花序顶生，具2~4花；花苞片叶状，卵状披针形或披针形，背面脉上偶见被短柔毛；子房和花梗密被腺毛；花绿色至浅绿色；中萼片卵状披针形；合萼片卵状披针形，先端2浅裂；花瓣通常稍扭转，线状披针形；唇瓣深囊状，椭圆形，外表面无毛。花期4~5月。

神农架国家公园广布，野外种群数量较少；生于海拔800~2800米的疏林下、林缘、灌丛坡地上湿润和腐殖质丰富之地。

▶ 扇脉杓兰 *Cypripedium japonicum* Thunb.
　IUCN 濒危等级：EN
　CITES 附录：Ⅱ
　国家重点保护等级：Ⅱ

地生。茎直立，具2枚近对生叶。叶扇形。花序顶生，具1花；花苞片叶状，菱形或卵状披针形，两面无毛，边缘具细缘毛；花俯垂；萼片和花瓣淡绿色或淡黄绿色，内表面基部具紫色斑点，唇瓣淡黄粉色至淡紫白色，具紫红色斑点和条纹；中萼片狭椭圆形；合萼片这狭椭圆形，先端2浅裂；花瓣斜披针形；唇瓣下垂，囊状，近椭圆形或倒卵形。花期4~5月，果期6~10月。

神农架国家公园广布，野外种群数量较多；生于海拔800~2000米的林下、灌木林下、林缘、荫蔽山坡等湿润和腐殖质丰富的土壤上。

▶ 离萼杓兰 *Cypripedium plectrochilum* Franch.
IUCN濒危等级：VU
CITES附录：Ⅱ

地生。茎近直立，被短柔毛，基部具3枚叶。叶片椭圆形或窄椭圆形。花序顶生，具1花；花序柄纤细，被短柔毛；花苞片叶状，狭椭圆状披针形或披针形；花梗和子房密被短柔毛；花较小；萼片和花瓣淡褐绿色，花瓣基部通常具白色边缘，唇瓣白色而有粉红色晕，先端绿色；中萼片卵状披针形；侧萼片完全离生，线状披针形；花瓣线形，正面基部具短柔毛；唇瓣深囊状，倒圆锥形，略斜歪，囊口和囊底具短柔毛。花期4~6月，果期7月。

神农架国家公园广布，野外种群数量较少；生于海拔1000~3000米的林下、林缘、灌丛中或草坡上多石之地。

红门兰亚科
Subfam. Orchidoideae Eaton

金线兰属 *Anoectochilus* Blume.

▶ 金线兰 *Anoectochilus roxburghii* (Wall.) Lindl.
IUCN 濒危等级：NE
CITES 附录：Ⅱ
国家重点保护等级：Ⅱ

地生。茎直立，具2~5枚叶；叶卵形，上面暗绿色或墨黑紫色，具金黄色网状脉。萼片与花瓣棕褐色，唇瓣白色；中萼片与花瓣粘合呈兜状；侧萼片斜长圆形，张开；花瓣镰刀状，质地薄；唇瓣呈Y字形；后唇两侧各具6~8条流苏状细裂条，前唇纵向前端膨大并2裂。花期9~11月。

阴峪河有分布，野外种群数量较少；生于海拔800米的沟谷阴湿处。

叠鞘兰属 *Chamaegastrodia* Makino & F.Maek.

▶ 川滇叠鞘兰 *Chamaegastrodia inverta*（W.W.Sm.）Seidenf.
　IUCN濒危等级：NE
　CITES附录：Ⅱ

腐生。根粗壮，肉质。茎较粗壮，具密集褐黄色膜质的鞘状鳞片。总状花序具几朵至10余朵花；花苞片卵状披针形；花带橙黄色；中萼片狭长圆形；侧萼片镰状卵形；花瓣线形；唇瓣轮廓T字形；基部稍扩大并凹陷呈囊，其囊内在靠近基部两侧各具1枚隆起呈圆形的胼胝体；中部具爪。花期6~8月。

神农顶有分布，野外种群数量较少；生于海拔1200~2600米的山坡或沟谷林下阴湿处。

掌裂兰属 *Dactylorhiza* Neck. ex Nevski

▶ 凹舌兰

Dactylorhiza viridis（L.）R.M.Bateman, Pridgeon & M.W.Chase
IUCN 濒危等级：LC
CITES 附录：Ⅱ

地生。块茎肉质，掌状2~3裂。茎直立，具3~5枚叶。叶片狭倒卵状长圆形。总状花序具多数花；花苞片线形，直立伸展；花绿黄色或绿棕色，直立伸展；萼片基部稍合生，中萼片直立，凹陷呈舟状，卵状椭圆形；侧萼片偏斜，卵状椭圆形；花瓣线状披针形，与中萼片靠合呈兜状；唇瓣下垂，肉质，倒披针形，中央具1条短的纵褶片，前部3裂。花期6~8月。

神农架国家公园广布，野外种群数量较多；生于海拔1200~3000米的林下、灌丛下或高山草地中。

火烧兰属 *Epipactis* Zinn

▶ 火烧兰 *Epipactis helleborine*（L.）Crantz
IUCN 濒危等级：LC
CITES 附录：Ⅱ

地生。茎上部被短柔毛，下部无毛，具2~3枚鞘。叶4~7枚，互生；叶片卵圆形、卵形至椭圆状披针形。总状花序具3~42朵花；花苞片叶状，线状披针形；花梗和子房具黄褐色绒毛；花绿色或淡紫色，下垂，较小；中萼片卵状披针形或椭圆形，舟状；侧萼片斜卵状披针形；花瓣椭圆形；唇瓣中部明显缢缩；下唇兜状；上唇近三角形或近扁圆形。花期7~8月。

神农架国家公园广布，野外种群数量较多；生于海拔1400~2600米的山坡林下、草丛或沟边。

▶ 大叶火烧兰 *Epipactis mairei* Schltr.
IUCN 濒危等级：NE
CITES 附录：Ⅱ

地生。茎直立，上部和花序轴被锈色柔毛，下部无毛，基部具2~3枚鞘。叶5~10枚，互生；叶片卵圆形、卵形至椭圆形。总状花序具7~25朵花，有时花更多；花苞片椭圆状披针形；子房和花梗被黄褐色或锈色柔毛；花黄绿带紫色、紫褐色或黄褐色；中萼片椭圆形或倒卵状椭圆形，舟形；侧萼片斜卵状披针形或斜卵形；花瓣长椭圆形或椭圆形；唇瓣中部稍缢缩而成上下唇；下唇两侧裂片近斜三角形，中央具2~3条鸡冠状褶片；上唇肥厚，卵状椭圆形、长椭圆形或椭圆形。花期6~7月或12~次年2月。

神农架国家公园广布，野外种群数量较多；生于海拔1400~2000米的山坡灌丛、草丛中或河滩阶地。

斑叶兰属 *Goodyera* R.Br.

▶ 大花斑叶兰 *Goodyera biflora*（Lindl.）Hook.f.
　　IUCN 濒危等级：NE
　　CITES 附录：Ⅱ

　　地生。茎直立，绿色，具4~5枚叶。叶片卵形或椭圆形，上面绿色具白色网状脉纹，背面淡绿色有时带紫红色。总状花序具2朵常偏向一侧的花；花苞片披针形，背面被短柔毛；子房连花梗被短柔毛；花大，长管状，白色或带粉红色；萼片相似，线状披针形，背面被短柔毛，先端稍钝；中萼片与花瓣粘合呈兜状；花瓣稍斜的菱状线形；唇瓣线状披针形；基部凹陷呈囊状，内面具多数腺毛；前部伸长，舌状。花期2~7月。

　　神农架国家公园各地都有分布，野外种群数量较少；生于海拔1500~2800米的林下阴湿处。

莲座叶斑叶兰 *Goodyera brachystegia* Hand.-Mazz.
IUCN 濒危等级：NE
CITES 附录：Ⅱ

地生。茎直立，黄绿色，基部具5~6枚，集生成莲座状的叶。叶片宽椭圆形或卵形，绿色。总状花序具多数、稍密集、近偏向一侧的花；花苞片披针形，先端渐尖，背面被极稀疏的腺毛。花小，半张开，萼片先端无毛，基部至中上部密被腺毛，唇瓣在中部中脉两侧各具2~4枚乳头状突起。花期6~8月，果期8月。

新华、宋洛和千家坪有分布，野外种群数量较少；生于海拔1100~2000米的林下沟边。

多叶斑叶兰 *Goodyera foliosa* (Lindl.) Benth. ex C. B. Clarke
IUCN濒危等级：NE
CITES附录：II

地生。茎直立，绿色，具4~6枚叶。叶疏生于茎上或集生于茎的上半部，叶片卵形至长圆形，偏斜，绿色。总状花序具几朵至多朵密生而常偏向一侧的花；花苞片披针形，背面被毛；子房圆柱形被毛；花中等大，半张开，白带粉红色、白带淡绿色或近白色；萼片狭卵形，凹陷，背面被毛；花瓣斜菱形，与中萼片粘合呈兜状；唇瓣长基部凹陷呈囊状，囊半球形，内面具多数腺毛，前部舌状，先端略反曲，背面有时具红褐色斑块。花期7~9月。

神农架国家公园各地都有分布，野外种群数量较少；生于海拔300~1500米的林下阴湿处。

▶ 光萼斑叶兰 *Goodyera henryi* Rolfe
IUCN 濒危等级：NE
CITES 附录：Ⅱ

地生。根状茎伸长，具节。茎绿色至褐绿色，具4~6枚叶。叶片为偏斜的卵形至长圆形，绿色。花茎具不明显短毛；总状花序具3~14朵密生的花；花苞片披针形，无毛；花中等大，白色或略带浅粉红色，半张开；中萼片长圆形，凹陷，无毛；侧萼片斜卵状长圆形，凹陷，无毛；花瓣菱形，无毛；唇瓣白色，卵状舟形。花期8~10月。

阳日有分布，野外种群数量较少；生于海拔800米的山坡林下。

小斑叶兰 *Goodyera repens* (L.) R.Br.
IUCN 濒危等级：LC
CITES 附录：Ⅱ

地生。茎直立，绿色，具5~6枚叶。叶片卵形或卵状椭圆形，上面深绿色具白色斑纹，背面淡绿色。花茎直立或近直立，具3~5枚鞘状花苞片；总状花序具几朵至10余朵、密生、多少偏同一侧的花；花苞片披针形；子房连花梗被柔毛；花小，白色或带绿色或带粉红色，半张开；中萼片卵形或卵状长圆形；侧萼片斜卵形、卵状椭圆形；花瓣斜匙形，无毛；唇瓣卵形；基部凹陷呈囊状，内面无毛；前部短的舌状。花期7~8月。

神农架国家公园广布，野外种群数量较多；生于海拔700~1500米的山坡、沟谷林下。

斑叶兰 *Goodyera schlechtendaliana* Rchb.f.
IUCN濒危等级：NE
CITES附录：Ⅱ

地生。茎直立，绿色，具4~6枚叶。叶片卵形或卵状披针形，上面绿色具白色不规则的点状斑，背面淡绿色。花茎和花轴直立，被长柔毛，下部具3~5枚鞘状花苞片；总状花序具10~20余朵疏生近偏向一侧的花；花苞片披针形，背面被短柔毛；子房连花梗被长柔毛；花较小，不甚张开；萼片浅绿色；中萼片狭椭圆状披针形，舟状，与花瓣粘合呈兜状；背面被短柔毛，侧萼片卵状披针形，背面被短柔毛，先端急尖；花瓣白色或略带粉红色，花瓣先端具一绿色斑点，菱状倒披针形，无毛；唇瓣白色或略带粉红色，近卵形。花期8~10月。

分布于神农架国家公园各地，但野外种群数量较少；生于海拔800~1200米的山坡或沟谷阔叶林下。

▶ 绒叶斑叶兰 *Goodyera similis* Blume
　　IUCN 濒危等级：NE
　　CITES 附录：II

　　地生。茎直立，暗红褐色，具3~5枚叶。叶片卵形至椭圆形，基部圆形，上面深绿色或暗紫绿色，沿中肋具1条白色带，背面紫红色。花茎被柔毛，具2~3枚不育花苞片；总状花序具5~17朵偏向一侧的花；花苞片披针形，红褐色；花中等大，淡红褐色或白色，花瓣上半部具1个红褐斑；萼片微张开；中萼片长圆形，凹陷，背面被柔毛，先端钝，与花瓣粘合呈兜状；侧萼片斜卵状椭圆形或长椭圆形，凹陷，背面被柔毛，先端钝；花瓣斜长圆状菱形，无毛，先端钝，基部渐狭；唇瓣基部凹陷呈囊状，内面有腺毛；前部舌状，舟形，先端向下弯。花期7~10月。

　　宋洛、新华有广布，野外种群数量较少；生于海拔800~1200米的林下阴湿处。无危。

手参属 *Gymnadenia* R.Br.

▶ 西南手参 *Gymnadenia orchidis* Lindl.
　IUCN 濒危等级：NE
　CITES 附录：Ⅱ
　国家重点保护等级：Ⅱ

　　地生。茎直立，较粗壮，圆柱形。叶片椭圆形。总状花序具多数密生的花，圆柱形；花苞片披针形；花紫红色或粉红色，极罕为带白色；中萼片直立，卵形；侧萼片反折，斜卵；花瓣直立，斜宽卵状三角形；唇瓣向前伸展，宽倒卵形，前部3裂，中裂片较侧裂片稍大或等大，三角形；距狭圆筒形，下垂，稍向前弯。花期7~9月。

　　神农顶、老君山、金猴岭、猴子石和南天门等高海拔地区有分布，野外种群数量较多；生于海拔2000~3100米的山坡林下、灌丛下和高山草地中。

玉凤花属 *Habenaria* Willd.

▶ 毛莛玉凤花 *Habenaria ciliolaris* Kraenzl.
　IUCN 濒危等级：NE
　CITES 附录：Ⅱ

　　地生。块茎肉质，长椭圆形。茎粗，直立，圆柱形。叶片椭圆状披针形，先端渐尖，基部收狭抱茎。总状花序具6~15朵花，花葶具棱；花苞片卵形，先端渐尖，边缘具缘毛；花白色；中萼片宽卵形，凹陷；侧萼片反折，卵形；花瓣直立，斜披针形，不裂；唇瓣较萼片长，基部3深裂，裂片极狭窄，丝状，并行，向上弯曲，中裂片基部无胼胝体；距圆筒状棒形；药室基部伸长的沟与蕊喙臂伸长的沟两者靠合成细的管。花期7~9月。

　　神农架国家公园各地都产，野外种群数量较多；生于海拔1200米以下的山坡林下。

长距玉凤花 *Habenaria davidii* Franch.
IUCN 濒危等级：NE
CITES 附录：II

地生。茎粗壮，直立，圆柱形，具5~7枚叶。叶片卵形、卵状长圆形至长圆状披针形。总状花序具4~15朵花；花苞片披针形；子房圆柱形，扭转，无毛；花大，绿白色或白色，具臭味；萼片淡绿色或白色，边缘具缘毛，中萼片长圆形，直立，凹陷呈舟状；侧萼片反折，斜卵状披针形；花瓣白色，直立，斜披针形，近镰状，不裂，外侧边缘不臌出；唇瓣白色或淡黄色，基部不裂，基部以上3深裂，裂片具缘毛；中裂片线形；侧裂片线形，外侧边缘为蓖齿状深裂，细裂片丝状。花期6~8月。

分布于神农架国家公园低海拔地区，野外种群数量较少；生于海拔1200米的山坡林下、灌丛下或草地。

▶鹅毛玉凤花 *Habenaria dentata*（Sw.）Schltr.
IUCN 濒危等级：NE
CITES 附录：Ⅱ

地生。茎粗壮，直立，圆柱形，具3~5枚疏生叶。叶片长圆形至长椭圆形。总状花序常具多朵花，花序轴无毛；花苞片披针形；子房圆柱形，扭转，无毛；花白色，较大，萼片和花瓣边缘具缘毛；中萼片宽卵形，直立，凹陷；侧萼片张开或反折，斜卵形；花瓣直立，镰状披针形，不裂；唇瓣宽倒卵形；侧裂片近菱形或近半圆形，前部边缘具锯齿；中裂片线状披针形或舌状披针形。花期8~10月。

分布于神农架国家公园低海拔地区，野外种群数量较少；生于海拔190~2300米的山坡林下或沟边。

▶宽药隔玉凤花 *Habenaria limprichtii* Schltr.
IUCN濒危等级：NE
CITES附录：Ⅱ

地生。茎粗壮，直立，圆柱形，具4~7枚叶。叶片卵形至长圆状披针形。总状花序具3~20朵疏生的花；花苞片卵状披针形；子房圆柱形，扭转，无毛；花较大，绿白色，萼片绿色或白绿色；中萼片卵状椭圆形，直立，凹陷呈舟状；侧萼片反折，斜卵形；花瓣白色，直立，偏斜长圆形，镰状，不裂；唇瓣白色，基部以上3深裂，裂片近等长，具毛，侧裂片线形；中裂片线形。花期6~8月。

分布于神农架国家公园低海拔地区，野外种群数量较少；生于海拔1200米以下的山坡林下、灌丛或草地。

舌喙兰属 *Hemipilia* Lindl.

▶ 广布小红门兰 *Hemipilia chusua*（D. Don）Y.Tang & H.Peng
　IUCN濒危等级：NE
　CITES附录：Ⅱ

地生。茎直立，圆柱状。叶片长圆状披针形、披针形或线状披针形至线形，无毛。花序直立或稍弯曲，无毛；花序轴具1~20朵花，多偏向一侧；花苞片披针形；花紫红色、粉红色或紫色，中等大；子房纺锤形，扭转，无毛；中萼片长圆形或卵状长圆形，直立，凹陷呈舟状；侧萼片向后反折，偏斜的卵状披针形；花瓣直立，狭卵形、宽卵形或狭卵状长圆形，偏斜，光滑；唇瓣向前伸展，中部以上3裂，花盘基部带白色，具深紫色斑块，中裂片长圆形；侧裂片扩展，镰状长圆形或近三角形。花期6~8月。

神老君山、神农谷有分布，野外种群数量较少；生于海拔2200~2500 m的山坡草丛中。

▶ 二叶兜被兰

Hemipilia cucullata (L.) Y.Tang, H.Peng & T. Yukawa
IUCN濒危等级：EN
CITES附录：Ⅱ

地生。茎直立或近直立，具2枚近对生叶和1~4枚披针形不育花苞片。叶近平展或直立伸展，叶片卵形、卵状披针形。总状花序具几朵至10余朵花，常偏向一侧；花苞片披针形，直立伸展；子房圆柱状纺锤形，扭转，稍弧曲，无毛；花紫红色或粉红色；萼片彼此紧密靠合成兜；中萼片，先端急尖，具1脉；侧萼片斜镰状披针形；花瓣披针状线形，与萼片贴生；唇瓣向前伸展，上面和边缘具细乳突，基部楔形，中部3裂，侧裂片线形，中裂片较侧裂片长而稍宽，向先端渐狭。花期8~9月。

阴峪口有分布，野外种群数量较少；生于海拔1200米的山坡林下。

扇唇舌喙兰 *Hemipilia flabellata* Bureau & Franch.
IUCN 濒危等级：VU
CITES 附录：Ⅱ

地生。茎直立，基部具1枚叶和1~4枚鞘状退化叶。叶片心形、卵状心形或宽卵形；鳞片状小叶卵状披针形或披针形。总状花序具3~15朵花；花苞片披针形；花梗和子房线形，无毛；花颜色变化较大，从紫红色到近纯白色；中萼片长圆形或狭卵形；侧萼片斜卵形或镰状长圆形；花瓣宽卵形；唇瓣基部具明显的爪。花期6~8月。

神农架国家公园低海拔地区常见，野外种群数量较多；生于海拔600~1000米的林下或石灰岩石缝中。

▶ 无柱兰 *Hemipilia gracilis*（Bl.）Y.Tang, H.Peng & T.Yukawa
IUCN濒危等级：NE
CITES附录：Ⅱ

  地生。茎直立，近基部具1叶，其上具1~2小叶。叶片狭长圆形、长圆形、椭圆状长圆形或卵状披针形。花序具5~20余朵花，偏向一侧；花苞片卵状披针形或卵形；子房圆柱形，稍扭转，无毛；花小，粉红色或紫红色；中萼片卵形；侧萼片斜卵形或基部渐狭呈倒卵形；花瓣斜椭圆形或卵形；唇瓣较萼片和花瓣大，轮廓为倒卵形，基部楔形，具距，中部之上3裂，侧裂片镰状线形、长圆形或三角形，先端钝或截形，中裂片倒卵状楔形，先端截形、圆形或圆形而具短小或中间凹缺。花期6~7月。

  神农架国家公园各地都有分布，野外种群数量较少；生于海拔1000~2000米的山坡沟谷边或林下阴湿处岩石上。

▶ 裂唇舌喙兰 *Hemipilia henryi* Rolfe

IUCN 濒危等级：EN

CITES 附录：Ⅱ

地生。茎直立，具1枚叶和2~4枚鞘状退化叶，罕具2枚叶。叶片卵形；鞘状退化叶披针形。总状花序具3~9朵花；花苞片披针形；子房线形，无毛；花紫红色，较大；中萼片卵状椭圆形；侧萼片明显较中萼片长，近宽卵形，斜歪；花瓣斜菱状卵形；唇瓣宽倒卵状楔形，3裂，上面被细小的乳突，在基部近距口处具2枚胼胝体；侧裂片三角形或近长圆形，先端钝或具不整齐的细牙齿；中裂片近方形或其他形状，变化较大，先端2裂并在中央具细尖。花期7~8月。

神农架国家公园低海拔地区常见，野外种群数量较多；生于海拔600~1000米的林下或石灰岩石缝中。

▶ 一花无柱兰 *Hemipilia monantha*（Finet）Y.Tang & H.Peng
IUCN濒危等级：NE
CITES附录：Ⅱ

地生。茎直立或近直立，近基部具1枚叶，顶生1朵花。叶片披针形。花苞片线状披针形；花淡粉红色或白色；萼片先端钝，具1脉，中萼片直立，凹陷呈舟状，狭卵形；侧萼片狭长圆状椭圆形；花瓣直立，斜卵形，与中萼片等长而较宽，并与中萼片相靠合，具1脉；唇瓣向前伸展，张开，基部具距，中部之下3裂，侧裂片楔状长圆形，中裂片倒卵形。花期7~8月。

神农架国家公园各地都有分布，野外种群数量较少；生于海拔2500~2900米的草坡、高山草甸、覆有土的岩石上、山谷溪边石砾覆有土的岩石上或高山潮湿草地中。

角盘兰属 *Herminium* L.

▶ 叉唇角盘兰 *Herminium lanceum*(Thunb. ex Sw.) Vuijk
　IUCN濒危等级：NE
　CITES附录：Ⅱ

　　地生。茎直立，常细长，无毛，具3~4枚疏生的叶。叶互生，叶片线状披针形。总状花序具多数密生的花，圆柱形；花苞片小，卵状披针形，直立伸展；花小，黄绿色；中萼片卵状长圆形或椭圆形，直立，凹陷呈舟状；侧萼片张开，长圆形或卵状长圆形；花瓣直立，线形；唇瓣长圆形，常下垂，基部扩大，凹陷，无距，中部通常缢缩，在中部或中部以上呈叉状3裂；侧裂片线形或线状披针形；中裂片披针形或齿状三角形。花期6~8月。

　　宋洛、新华有分布，野外种群数量较少；生于海拔900~1200米的混叶林、针叶林、灌丛、草地中。

齿唇兰属 *Odontochilus* Blume

▶ 全唇兰 *Odontochilus chinensis*（Rolfe）T.Yukawa
　　IUCN濒危等级：NE
　　CITES附录：Ⅱ

　　地生。根状茎伸长，匍匐，具节，节上生根。茎纤细，直立，圆柱形，具数枚叶。叶小，较疏生，卵圆形。花序顶生，具1~3朵花；花苞片长圆状披针形；花白色，不张开；萼片卵状披针形；中萼片凹陷呈舟状；侧萼片稍偏斜；花瓣卵形，不斜歪，近顶部收狭；唇瓣位于下方，白色，近卵状长圆形，前部稍微扩大，不裂，基部稍扩大，凹陷呈囊状，其囊内两侧各具1枚近四方形、肉质而顶部钝的胼胝体。花期7月。

　　金猴岭有分布，野外种群数量极少；生于海拔2400米的冷杉林下。

▶西南齿唇兰 *Odontochilus elwesii* C.B.Clarke ex Hook.f.
IUCN 濒危等级：NE
CITES 附录：Ⅱ

地生。根状茎伸长，匍匐，肉质，具节，节上生根。茎直立，圆柱形，具6~7枚叶。叶片卵形或卵状披针形，上面暗紫色。总状花序具2~4朵较疏生的花；花苞片小，卵形；子房圆柱形，扭转；花大，长约4厘米，唇瓣位于下方；萼片绿色；中萼片卵形，凹陷呈舟，与花瓣粘合呈兜状；侧萼片稍张开，偏斜的卵形，基部围抱唇瓣基部的囊；花瓣白色，斜半卵形，镰状；唇瓣白色，向前伸展，呈Y字形，中部收两侧各具4~5条不整齐的短流苏状锯齿。花期7~8月。

九冲有分布，野外种群数量较少；生于海拔300~1500米的沟谷林下。

阔蕊兰属 *Peristylus* Blume

▶ 小花阔蕊兰 *Peristylus affinis*（D. Don）Seidenf.
　IUCN濒危等级：NE
　CITES附录：Ⅱ

　　地生。茎细长，无毛，具4~5枚叶，在叶之上常具1至几枚披针形的花苞片状小叶。叶片椭圆形或椭圆状披针形。总状花序具12~25朵花；花苞片卵状披针形；子房圆柱状，扭转，无毛；花小，绿白色；中萼片卵形；侧萼片椭圆形；花瓣斜倒卵形，伸展，稍肉质；唇瓣向前伸展，近圆形，3浅裂，裂片近三角形，侧裂片较中裂片窄，与中裂片等长；唇瓣后半部稍凹陷，基部具圆球状距，距口前方唇盘上具多数乳头状突起。花期6~9月。

　　神农架国家公园高海拔地区有分布，野外种群数量较多；生于海拔2500~2900米的山坡常绿阔叶林下、沟谷或路旁灌木丛下或山坡草地。

舌唇兰属 *Platanthera* Rich.

▶ 对耳舌唇兰 *Platanthera finetiana* Schltr.
　IUCN濒危等级：VU
　CITES附录：Ⅱ

　　地生。茎直立，粗壮，具3~4枚叶。叶疏生，直立伸展，上部的叶花苞片状，下部的叶片长圆形、椭圆形或椭圆状披针形。总状花序具8~26朵花，稍密集；花苞片披针形，先端渐尖，下部的长于花，上部的与子房等长；子房圆柱形，扭转，稍弧曲，无毛；花较大，淡黄绿色或白绿色；萼片先端钝，具3脉，边缘全缘，中萼片直立，卵状椭圆形，舟状；侧萼片反折，斜宽卵形；花瓣直立，斜舌状；唇瓣向前伸展，线形，稍肉质，基部两侧具1对四方形的耳和上面具1枚凸出的胼胝体。花期7~8月。

　　神农架国家公园中都有分布，野外常见；生于海拔900~1200米的山坡林下或草地。

▶密花舌唇兰 *Platanthera hologlottis* Maxim.
IUCN濒危等级：NE
CITES附录：Ⅱ

地生。茎细长，直立。叶片线状披针形或宽线形。总状花序具多数密生的花；花苞片披针形或线状披针形；子房圆柱形，先端变狭，稍弓曲；花白色，芳香；萼片先端钝，具5~7脉，边缘全缘，中萼片直立，舟状，卵形或椭圆形；侧萼片反折，偏斜，椭圆状卵形；花瓣直立，斜卵形；唇瓣舌形或舌状披针形，稍肉质。花期6~7月。

神农架国家公园中都有分布，但野外种群数量较少；生于海拔300~3100米的山坡林下或山沟潮湿草地。

舌唇兰 *Platanthera japonica* (Thunb.) Lindl.
IUCN 濒危等级：NE
CITES 附录：Ⅱ

地生。茎粗壮，直立，无毛，具4~6枚叶。下部叶片椭圆形或长椭圆形，上部叶片小，披针形。总状花序具10~28朵花；花苞片狭披针形；子房细圆柱状，无毛，扭转；花大，白色；中萼片直立，卵形，舟状；侧萼片反折，斜卵形；花瓣直立，线形；唇瓣线形不分裂，肉质。花期5~7月。

神农架国家公园中都有分布，野外种群较少；生于海拔1400~2500米的山坡林下或草地。

▶ 小舌唇兰 *Platanthera minor* (Miq.) Rchb.f.
　IUCN濒危等级：NE
　CITES附录：Ⅱ

　　地生。茎粗壮，直立，下部具1~3枚较大的叶，上部其2~5枚逐渐变小为披针形或线状披针形的花苞片状小叶。叶互生，叶片椭圆形、卵状椭圆形或长圆状披针形。总状花序具10~15枚疏生的花；花苞片卵状披针形；子房圆柱形，向上渐狭，扭转，无毛；花黄绿色，萼片具3脉，边缘全缘；中萼片直立，宽卵形，凹陷呈舟状；侧萼片反折，稍斜椭圆形；花瓣直立，斜卵形；唇瓣舌状，肉质，下垂。花期4~7月。

　　神农架国家公园中都有分布，野外种群数量较少；生于海拔2000~2500米的山坡林下或草地。

东亚舌唇兰 *Platanthera ussuriensis* (Regel) Maxim.
IUCN 濒危等级：NE
CITES 附录：Ⅱ

地生。茎细长，中部以下具大叶1枚，其上面具2~3枚小叶，且向上渐小成花苞片状。最大叶的叶片线状长圆形。总状花序疏生多数花；花苞片长披针形；子房细圆柱形，扭转，无毛；花黄绿色，细长；中萼片宽卵形，直立，舟状，先端稍内弯；侧萼片反折，狭椭圆形；花瓣斜卵形至狭长卵形，稍肉质，较萼片厚；唇瓣向前伸，肉质，宽线形。花期5~7月。

神农架国家公园中都有分布，但野外种群数量较少；生于海拔2000~2500米的山坡林下或草地。

绶草属 *Spiranthes* Rich.

▶ **香港绶草** *Spiranthes hongkongensis* S.Y.Hu & Barretto
IUCN 濒危等级：NE
CITES 附录：Ⅱ

地生小草本。茎较短，近基部生 2~6 枚叶。叶片线形至倒披针形。花茎直立，上部被腺状柔毛至无毛；总状花序具多数密生的花，呈螺旋状扭转；花苞片卵状披针形；花小，白色，在花序轴上呈螺旋状排生；中萼片长圆形；侧萼片长圆形披针形；花瓣长圆形，稍斜；唇瓣阔长圆形，基部增厚，具 2 个透明胼胝体。花期 7~8 月。

大龙潭、大九湖有分布，野外种群数量较少；生于海拔 1800~2200 米的溪边、河滩、沼泽或草甸中。

▶ 绶草 *Spiranthes sinensis* (Pers.) Ames
IUCN濒危等级：LC
CITES附录：Ⅱ

地生小草本。茎较短，近基部生2~5枚叶。叶片宽线形或宽线状披针形，极罕为狭长圆形，直立伸展。花茎直立，上部被腺状柔毛至无毛；总状花序具多数密生的花，呈螺旋状扭转；花苞片卵状披针形；花小，紫红色或粉红色，在花序轴上呈螺旋状排生；萼片的下部靠合，中萼片狭长圆形，舟状；侧萼片为偏斜的披针形；花瓣为斜菱状长圆形；唇瓣宽长圆形，唇瓣基部凹陷呈浅囊状，囊内具2枚胼胝体。花期3~8月。

金猴岭、红河、官门山有分布，野外种群数量较少；生于海拔1700~2500米的山坡林下、灌丛下、草地或河滩沼泽草甸中。

线柱兰属 *Zeuxine* Lindl.

▶ 线柱兰 *Zeuxine strateumatica* (L.) Schltr.
  IUCN 濒危等级：LC
  CITES 附录：Ⅱ

　　地生。根状茎短，匍匐。茎淡棕色，具多枚叶。叶淡褐色，无柄，具鞘抱茎，叶片线形。总状花序具几花至20余密生的花；花苞片卵状披针形，红褐色；花小，白色；唇瓣基部凹陷呈囊状，其内面两侧各具1枚近三角形的胼胝体。花期春天至夏天。
　　神农架国家公园各地都有分布，野外种群数量不多；生于海拔800米的山坡林下。

树兰亚科
Subfam. Epidendroideae Lindl. ex Endl.

白及属 *Bletilla* Rchb.f.

▶ 小白及 *Bletilla formosana* (Hayata) Schltr.
　IUCN 濒危等级：NE
　CITES 附录：II

地生。茎纤细或较粗壮，具 2~8 枚叶。叶线状披针形、狭披针形至狭长圆形。总状花序具 1~6 朵花；花苞片长圆状披针形；花较小，粉红色；萼片和花瓣狭长圆形；唇瓣椭圆形，中部以上 3 裂；唇盘上具 5 条纵脊状的黄色褶片。花期 4~6 月。

神农架国家公园与巫溪交界地区有分布，野外少见；生于海拔 400~1100 米的沟谷林下、草地或草坡及岩石缝中。

▶ 黄花白及 *Bletilla ochracea* Schltr.
IUCN 濒危等级：NE
CITES 附录：Ⅱ

地生。茎较粗壮，常具4枚叶。叶长圆状披针形。花序具3~8朵花；花序轴呈"之"字状折曲；花苞片长圆状披针形，开花时凋落；花中等大，黄色；萼片和花瓣近等长，长圆形；唇瓣椭圆形，淡黄色，在中部以上3裂；侧裂片直立，斜的长圆形，围抱蕊柱，先端钝，几不伸至中裂片旁；中裂片近正方形，边缘微波状，先端微凹；唇盘上面具5条纵脊状褶片。花期6~7月。

神农架国家公园低海拔地区有分布，野外少见；生于海拔450~1200米的常绿阔叶林下沟谷。

▶ 白及 *Bletilla striata* (Thunb.) Rchb.f.
IUCN 濒危等级：NE
CITES 附录：Ⅱ
国家重点保护等级：Ⅱ

地生。茎粗壮，劲直。叶2~6枚，狭长圆形或披针形。花序具3~10朵花；花序轴呈"之"字状曲折；花苞片长圆状披针形；花大，紫红色或粉红色；萼片和花瓣近等长；花瓣较萼片稍宽；唇瓣较萼片和花瓣稍短，倒卵状椭圆形，紫红色；唇盘上面具5条纵褶片，从基部伸至中裂片近顶部，仅在中裂片上面为波状。花期4~6月。

神农架国家公园低海拔地区有分布，野外种群稀少；生于400~1200米的溪边岩缝中。

石豆兰属 *Bulbophyllum* Thouars

▶ 广东石豆兰 *Bulbophyllum kwangtungense* Schltr.
IUCN濒危等级：NE
CITES附录：Ⅱ

附生。假鳞茎圆柱形。叶长圆形。花淡黄色；中萼片披针形，先端长渐尖；侧萼片比中萼片稍长；花瓣卵状披针形，先端长渐尖；唇瓣披针形，外弯，上面具2~3条龙骨脊；蕊柱齿齿状；药帽先端上翘，密生细乳突。花期5~8月。

神农架国家公园低海拔地区广布，野外种群数量较多；生于海拔800米以下的山坡林下岩石上。

▶密花石豆兰 *Bulbophyllum odoratissimum*（Sm.）Lindl. ex Wall.
IUCN 濒危等级：NE
CITES 附录：II

附生。假鳞茎近圆柱形。叶长圆形。伞状花序密生 10 余朵花；花芳香，初开时白色，以后转变为橘黄色；中萼片卵状披针形；侧萼片较中萼片狭长；花瓣近卵形；唇瓣橘红色，舌形，外弯，边缘具白色腺毛，上面具 2 条密生细乳突的龙骨脊。花期 4~8 月。

神农架国家公园各地都有分布，野外种群数量较多；生于海拔 200~2300 米的混交林中树干上或山谷岩石上。

▶ 毛药卷瓣兰 *Bulbophyllum omerandrum* Hayata
　IUCN濒危等级：NE
　CITES附录：Ⅱ

附生。假鳞茎卵球形，顶生1枚叶。叶长圆形。伞形花序或缩短的总状花序具1~3朵花；花苞片卵形，舟状；中萼片卵形；侧萼片通常分离，披针形；花瓣卵状三角形；唇瓣舌形，肉质，外弯，基部与蕊柱足末端连接而形成活动关节，后半部两侧对折，边缘具睫毛，近先端处两侧面疏生细乳突。花期3~4月。

神农架国家公园广布，野外种群数量较多；生于海拔400~800米的山地林中树干上或沟谷岩石上。

▶ 斑唇卷瓣兰 *Bulbophyllum pecten-veneris* (Gagnep.) Seidenf.
IUCN 濒危等级：NE
CITES 附录：Ⅱ

附生。假鳞茎卵球形，顶生1枚叶。叶椭圆形、长圆状披针形或卵形。伞形花序具3~9朵花；花苞片小，披针形；花黄绿色或黄色稍带褐色或近橙色；中萼片卵形或卵状椭圆形，具5条脉；侧萼片狭披针形；花瓣斜卵形，具3条脉；唇瓣肉质，舌状，向外下弯，无毛。花期4~9月。

神农架国家公园各地广布，野外种群数量较多；生于海拔1000米以下的山地林中树干上或林下岩石上。

虾脊兰属 *Calanthe* R.Br.

▶ 泽泻虾脊兰 *Calanthe alismifolia* Lindl.
　　IUCN 濒危等级：NE
　　CITES 附录：Ⅱ

地生或附生草本。假鳞茎细圆柱形，具3~6枚叶。叶在花期全部展开，卵状椭圆形，形似泽泻叶。总状花具3~10余朵花；花苞片宿存，宽卵状披针形；花白色；萼片近相似，近倒卵形；花瓣近菱形；唇瓣基部与整个蕊柱翅合生，3深裂；侧裂片线形或狭长圆形，两侧裂片之间具数个瘤状的附属物和密被灰色长毛；中裂片扇形，先端近截形，深2裂，无毛。花期5~7月。

神农架国家公园各地都有分布，野外种群数量较多；生长在海拔400~1200米山坡林下、沟边或山谷。

▶ 流苏虾脊兰 *Calanthe alpina* J.D.Hook. ex Lindl.
　IUCN 濒危等级：NE
　CITES 附录：Ⅱ

地生。假鳞茎狭圆锥状。叶3枚，在花期全部展开，椭圆形或倒卵状椭圆形。总状花序疏生3~17朵花；花苞片宿存，狭披针形，无毛；子房稍粗并少有弧曲，疏被短毛；花被全体无毛；萼片和花瓣白色带绿色先端或浅紫堇色，先端急尖或渐尖而呈芒状，无毛；中萼片近椭圆形；侧萼片卵状披针形；花瓣狭长圆形至卵状披针形；唇瓣浅白色，后部黄色，前部具紫褐色条纹，与蕊柱中部以下的蕊柱翅合生，半圆状扇形，不裂，基部宽截形，前端边缘具流苏，先端微凹并具细尖。花期3~9月。

神农架国家公园广布，野外种群数量较多；生于海拔1200~1600米的山地林下和草坡上。

▶弧距虾脊兰 *Calanthe arcuata* Rolfe
　IUCN濒危等级：NE
　CITES附录：Ⅱ

　　地生植物。根状茎不明显，假鳞茎圆锥形，具2~3枚鞘和3~4枚叶。叶在花期全部展开，狭椭圆状披针形。总状花序疏生8~10朵花；花苞片宿存，草质，狭披针形；萼片和花瓣的背面黄绿色，内面红褐色；中萼片狭披针形；侧萼片斜披针形，与中萼片等大，先端渐尖，花瓣线形，与萼片近等长；唇瓣白色带紫色先端，后来转变为黄色，基部与整个蕊柱翅合生，3裂；侧裂片斜卵状三角形或近长圆形，先端急尖或锐尖，前端边缘有时具齿；中裂片椭圆状棱形；唇盘上具3~5条龙骨状脊。花期5~9月。
　　官门山、红坪有分布，野外种群较少；生于海拔1400~2500米的山地林下或山谷有薄土的岩石上。

▶ 肾唇虾脊兰 *Calanthe brevicornu* Lindl.
IUCN 濒危等级：NE
CITES 附录：Ⅱ

地生。假鳞茎圆锥形，具3~4枚叶。叶在花期全部未展开，椭圆形或倒卵状披针形。总状花序疏生多数花；花苞片宿存，膜质，披针形；花梗和子房被短毛；花开放；萼片和花瓣黄绿色；中萼片长圆形；侧萼片斜长圆形或披针形；花瓣长圆状披针形；唇瓣基部具短爪，与蕊柱中部以下的蕊柱翅合生，约等长于花瓣，3裂；侧裂片镰刀状长圆形；中裂片近肾形或圆形，基部具短爪，先端通常具宽凹缺并在凹处具1个短尖，或有时先端圆形并且细尖；唇盘粉红色，具3条黄色的高褶片。花期5~6月。

千家坪有分布，野外种群数量较少。生长在海拔1600~1700米山坡林下、沟边或山谷。

▶剑叶虾脊兰 *Calanthe davidii* Franch.
　IUCN濒危等级：LC
　CITES附录：Ⅱ

　　地生。植株紧密聚生，无明显的假鳞茎和根状茎。叶在花期全部展开，剑形。总状花序密生许多小花；花苞片宿存，草质，反折，狭披针形；花黄绿色；萼片和花瓣反折；萼片相似，近椭圆形；花瓣狭长圆状倒披针形，与萼片等长；唇瓣的轮廓为宽三角形，基部3裂；侧裂片长圆形；中裂片先端2裂，在裂口中央具1个短尖；小裂片近长圆形，较侧裂片狭，向外叉开，先端斜截形；唇盘在两侧裂片之间具3条等长或中间1条较长的鸡冠状褶片，有时褶片延伸到近中裂片的先端。花期4~7月。
　　神农架国家公园广布，野外种群数量较多；生于海拔600~1200米的山谷、溪边或林下。无危。

▶ 虾脊兰 *Calanthe discolor* Lindl.
　IUCN濒危等级：NE
　CITES附录：Ⅱ

地生。假鳞茎近圆锥形具3~4枚鞘。叶3枚，叶在花期未全部展开，花期不凋落；叶倒卵状长圆形至椭圆状长圆形。花苞片宿存，卵状披针形，近无毛；花梗连子房密被短毛，中萼片相似，为稍斜的椭圆形。花瓣近长圆形或倒披针形，无毛，具3条脉；唇瓣与整个蕊柱翅合生，扇形，3深裂；侧裂片镰状倒卵形或楔状倒卵形，比中裂片大；中裂片倒卵状楔形，前端边缘有时具不整齐的齿，先端深凹缺；唇盘上具3条膜片状褶片；三角形褶片延伸到中裂片的中部。花期4~5月。

神农架国家公园广布，野外种群数量较多；生于海拔780~1500米的常绿阔叶林下。

钩距虾脊兰 *Calanthe graciliflora* Hayata
IUCN 濒危等级：NE
CITES 附录：Ⅱ

地生。假鳞茎近卵球形，具3~4枚鞘和3~4枚叶。叶在花期尚未完全展开，椭圆形或椭圆状披针形。总状花序疏生多数花，无毛；花梗连同绿色的子房弧形弯曲，密被短毛；花张开；萼片和花瓣在背面褐色，内面淡黄色；中萼片近椭圆形；侧萼片近卵状椭圆形；花瓣倒卵状披针形，基部具短爪，无毛；唇瓣浅白色，3裂；侧裂片稍斜的卵状楔形；中裂片近方形或倒卵形；唇盘上具4个褐色斑点和3条平行的龙骨状脊；龙骨状脊肉质，终止于中裂片的中部，其末端呈三角形隆起。花期3~5月。

神农架国家公园广布，野外种群数量较多；生于海拔600~1500米的山谷溪边、林下等阴湿处。

▶ 细花虾脊兰 *Calanthe mannii* Hook.f.
IUCN 濒危等级：NE
CITES 附录：Ⅱ

地生。假鳞茎圆锥形，具2~3枚鞘和3~5枚叶。叶在花期尚未展开，折扇状，倒披针形。总状花序疏生或密生10余朵小花；花苞片宿存，披针形；花小，不甚张开；萼片和花瓣暗红褐色；中萼片卵状披针形或有时长圆形，通常凹陷；侧萼片斜卵状披针形或有时长圆形，与中萼片近等长；花瓣倒卵状披针形或有时长圆形，比萼片小；唇瓣金黄色，先端具红色斑点，比花瓣短，基部合生在整个蕊柱翅上，3裂或不裂；侧裂片卵圆形或斜卵圆形；中裂片横长圆形或近肾形；唇盘上具3条褶片或龙骨状脊，其末端在中裂片上呈三角形高高隆起。花期2月或5月。

宋洛有分布，野外种群数量较少。生长在海拔1500米左右的山坡林下。

▶ 大黄花虾脊兰 *Calanthe striata* R. Br. ex Spreng.

IUCN 濒危等级：NE

CITES 附录：Ⅱ

国家重点保护等级：Ⅰ

地生。假鳞茎小。叶 2~3 枚，花期完全展开，花期不凋落，叶宽椭圆形。花序轴疏生到近密生约 6~13 朵花；花苞片宿存，披针形；花大，鲜黄色，稍肉质；花梗连子房疏被短毛；中萼片椭圆形；侧萼片斜卵形；花瓣狭椭圆形；唇瓣基部与整个蕊柱翅合生，平伸，黄色，基部具红色斑块，3 深裂；侧裂片斜倒卵形或镰状倒卵形；中裂片近椭圆形；唇盘上具 5 条脊，基部具 2 排白色短毛；侧面 2 条脊肉质，中央 3 条延伸至中裂片。花期 2~3 月。

宋洛、阳日（长青）有分布，野外种群数量极少；生于海拔 2000 米的山坡阔叶林下。

▶ 三棱虾脊兰 *Calanthe tricarinata* Lindl.
　IUCN濒危等级：NE
　CITES附录：Ⅱ

地生。假鳞茎圆球状，具3枚鞘和3~4枚叶。叶在花期时尚未展开，薄纸质，椭圆形或倒卵状披针形。总状花序疏生少数至多数花；花苞片宿存，膜质，卵状披针形；花梗和子房密被短毛，子房棒状；花张开，质地薄；萼片和花瓣浅黄色或黄绿色；萼片相似，矩圆状披针形；花瓣倒卵状披针形；唇瓣红褐色或紫褐色，基部合生于整个蕊柱翅上，3裂；侧裂片小，耳状或近半圆形；中裂片肾形；唇盘上具3~5条鸡冠状褶片，无距。花期5~6月。

神农架国家公园广布，因为种群数量较多；生于海拔1200~1600米的山坡草地或混交林下。

▶ 巫溪虾脊兰 *Calanthe wuxiensis* H.P.Deng & F.Q.Yu
IUCN 濒危等级：NE
CITES 附录：Ⅱ

地生。假鳞茎不明显，具3枚鞘，2~4枚叶。叶在花期全部展开，花期不凋落；椭圆形，背面无毛。花序常具8朵花；花苞片宿存，披针形，无毛；花淡黄色，唇瓣白色；花梗连子房密被短毛；中萼片椭圆形；侧萼片长圆状椭圆形；花瓣斜舌形；唇瓣基部与整个蕊柱翅合生，圆菱形，3裂；侧裂片镰刀状长圆形；中裂片倒卵形；唇盘在反折部位有深黄色短脊突；距伸直或稍弧曲，圆筒形，长8厘米，无毛，末端钝。花期5月。

松柏有分布，野外种群数量较少；生于海拔1800米的常绿阔叶林下。

峨边虾脊兰 *Calanthe yueana* T.Tang & F.T.Wang
IUCN 濒危等级：EN
CITES 附录：Ⅱ

地生。假鳞茎圆锥形，具3枚鞘，4枚叶。叶在花期全部展开，花期不凋落；椭圆形，背面被短毛。花序轴疏生14朵花；花苞片宿存，披针形，无毛；花淡黄色，唇瓣白色；花梗连子房密被短毛；中萼片椭圆形；侧萼片长圆状椭圆形；花瓣斜舌形；唇瓣基部与整个蕊柱翅合生，圆菱形，3裂；侧裂片镰刀状长圆形；中裂片倒卵形；唇盘无褶片和其他附属物；距伸直或稍弧曲，圆筒形，长8厘米，无毛，末端钝。花期5月。

仅在木官门山有分布，野外种群数量少；生于海拔1800米的常绿阔叶林下。

头蕊兰属 Cephalanthera Rich.

▶ 银兰 Cephalanthera erecta (Thunb.) Blume
　　IUCN 濒危等级：NE
　　CITES 附录：Ⅱ

　　地生。茎直立，具2~4枚鞘，2~4（1~5）枚叶。叶片椭圆形至卵状披针形。总状花序具3~10朵花；花序轴有棱；花苞片通常较小，狭三角形；花白色；萼片长圆状椭圆形；花瓣与萼片相似，但稍短；唇瓣3裂，基部有距；中裂片近心形或宽卵形，上面有3条纵褶片，纵褶片向前方逐渐为乳突所代替；距圆锥形，伸出侧萼片基部之外。花期4~6月。

　　神农架国家公园广布，野外种群数量较多；生长在海拔600~2300米的山坡草丛或林下。

▶ 金兰 *Cephalanthera falcata*(Thunb.) Blume
　IUCN濒危等级：NE
　CITES附录：Ⅱ

地生。茎直立，具3~5枚鞘。叶4~7枚；叶片椭圆形、椭圆状披针形或卵状披针形。总状花序通常有5~10朵花；花苞片很小；花黄色，直立，稍微张开；萼片菱状椭圆形；花瓣与萼片相似，但较短；唇瓣3裂，基部有距；侧裂片三角形，多少围抱蕊柱；中裂片近扁圆形，上面具5~7条纵褶片，中央的3条较高，近顶端处密生乳突；距圆锥形，明显伸出侧萼片基部之外，先端钝。花期4~5月。

神农架国家公园广布，野外种群数量较少；生于海拔700~1600米的林下、灌丛中、草地上或沟谷旁。

头蕊兰 *Cephalanthera longifolia* (L.) Fritsch
IUCN 濒危等级：LC
CITES 附录：Ⅱ

地生。茎直立，具3~5枚鞘。叶4~7枚；叶片披针形、宽披针形或长圆状披针形。总状花序具2~13朵花；花苞片线状披针形至狭三角形；花白色，稍开放或不开放；萼片狭菱状椭圆形或狭椭圆状披针形；花瓣近倒卵形；唇瓣3裂，基部具囊；侧裂片近卵状三角形，多少围抱蕊柱；中裂片三角状心形，上面具3~4条纵褶片，近顶端处密生乳突；唇瓣基部的囊短而钝，包藏于侧萼片基部之内。花期5~6月。

神农架国家公园广布，野外种群数量较少；生于海拔1000~3100米的林下、沟边、灌丛或草丛中。

独花兰属 *Changnienia* S.S.Chien

▶独花兰 *Changnienia amoena* S.S.Chien
　IUCN濒危等级：EN
　CITES附录：Ⅱ
　国家重点保护等级：Ⅱ

　　地生。假鳞茎近椭圆形宽卵球形，肉质，有2节，被膜质鞘。叶1枚，宽卵状椭圆形至宽椭圆形。花苞片小，近方形；花大，白色而带肉红色，唇瓣有紫红色斑点；萼片长圆状披针形；侧萼片稍斜歪；花瓣狭倒卵状披针形；唇瓣略短于花瓣，3裂，基部有距；中裂片先端和上部边缘具不规则波状缺刻；唇盘上在2枚侧裂片之间具5枚褶片状附属物。花期12~次年1月或4月。

　　神农架国家公园广布，野外种群数量较少；生于海拔400~1100米疏林下或沿山谷荫蔽的地方。

贝母兰属 *Coelogyne* Lindl

▶ 云南石仙桃

Coelogyne kouytcheensis（Gagnep.）M.W. Chase & Schuit.
IUCN濒危等级：NE
CITES附录：Ⅱ

附生。假鳞茎近圆柱状，向顶端略收狭，顶端生2枚叶。叶片披针形，坚纸质，具折扇状脉。总状花序具15~25朵花；花苞片在花期逐渐脱落，卵状菱形；花白色或浅肉色；中萼片宽卵状椭圆形，稍凹陷，背面略有龙骨状突起；侧萼片宽卵状披针形凹陷成舟状，背面有龙骨状突起；花瓣与中萼片相似，但不凹陷，背面无龙骨状突起；唇瓣轮廓为长圆状倒卵形，先端截形或钝并常有不明显的凹缺，近基部稍凹陷成一个杯状，无附属物。

神农架国家公园各地都有分布，但野外种群数量较少；生于海拔700~2000米林中或山谷旁的树上或岩石上。

▶ 瘦房兰 *Coelogyne mandarinorum* Kvaenzl.
　IUCN濒危等级：NE
　CITES附录：Ⅱ

附生植物。假鳞茎近圆柱形，上部稍变细，上部1/3弯曲成钩状，干后褐色，有许多纵皱纹。叶近直立，狭椭圆形，薄革质。花葶顶端具1朵花；花苞片膜质，卵形；花白色，较大；萼片相似，线状披针形；花瓣线状披针形；唇瓣向基部渐狭，顶端3裂而略似肩状；侧裂片小；中裂片近方形，先端截形而略有凹缺和细尖，基部有2个紫色小斑块。花期5~6月。

宋洛有分布，野外种群数量较少；生于海拔700~1500米的林下或沟谷旁的岩石上。

杜鹃兰属 *Cremastra* Lindl.

▶ 杜鹃兰 *Cremastra appendiculata*（D.Don）Makino
　　IUCN 濒危等级：NE
　　CITES 附录：Ⅱ
　　国家重点保护等级：Ⅱ

　　地生。假鳞茎卵球形。叶通常1枚，生于假鳞茎顶端，狭椭圆形。总状花序具5~22朵花；花苞片披针形；花常偏向花序一侧，不完全开放，狭钟形；萼片、花瓣为淡紫褐色；唇瓣白色，具紫色斑；萼片倒披针形；侧萼片略斜歪；花瓣倒披针形；唇瓣与花瓣近等长，线形；侧裂片近线形；中裂片卵形，基部在2枚侧裂片之间具1枚肉质突起。花期5~6月。

　　神农架国家公园广布，野外种群数量不多；生于海拔500~2900米林下湿地或沟边湿地。

兰属 *Cymbidium* Sw.

▶ 蕙兰 *Cymbidium faberi* Rolfe
　IUCN 濒危等级：NE
　CITES 附录：Ⅱ
　国家重点保护等级：Ⅱ

　　地生。假鳞茎不明显。叶4~8枚，近直立。花序具5~11朵；花苞片线状披针形；花通常浅黄绿色，唇瓣上有浅紫红色斑，常有浓香；萼片近倒披针状矩圆形；花瓣矩圆状卵形；唇瓣轮廓矩圆状卵形，3裂，下弯，上面密生乳突；侧裂片直立，正面具细乳突；中裂片舌状，强烈下弯，正面具密的乳突，边缘常皱；唇盘上具2条纵褶片从基部延伸至中裂片基部。花期3~5月。

　　神农架国家公园低海拔地区广布，野外种群数量较少；生于海拔700~1000米潮湿、排水良好的坡地。

▶ 多花兰 *Cymbidium floribundum* Lindl.
IUCN濒危等级：NE
CITES附录：II
国家重点保护等级：II

附生，极罕为地生。假鳞茎近卵形。叶通常5~6枚，带形。花序通常密生(10~)15~40朵花；萼片与花瓣浅红棕色或偶见浅绿黄色，极罕灰褐色；唇瓣白色，侧裂片和中裂片上有淡紫红色斑；萼片狭矩圆形；花瓣狭椭圆形；唇瓣轮廓为近卵形，3裂；侧裂片直立，上面有细乳突；中裂片宽卵形，稍下弯，上面有细乳突；唇盘上具2条顶端略靠合的纵褶片。花期4~8月。

神农架国家公园在低海拔地区广布，野外种群数量较少；生于海拔400~700米的林中或林缘树上或岩石上，或沿溪谷的岩壁上，极罕生于多石的地上。

▶ 春兰 Cymbidium goeringii（Rchb.f.）Rchb.f.
IUCN 濒危等级：NE
CITES 附录：Ⅱ
国家重点保护等级：Ⅱ

地生植物。假鳞茎小，卵形。叶4~7枚，带形。花序通常具单花，极罕2花；花苞片围抱子房；花色泽多变，通常浅黄绿色，带浅紫褐色脉，质地薄，常有香气；萼片近矩圆形；花瓣狭倒卵形至狭卵形，平展或围抱蕊柱；唇瓣轮廓近卵形，不明显3裂；侧裂片直立，上面生有细乳突；中裂片宽卵形，强烈下弯，上面具乳突，边缘稍波状；唇盘上具2条纵褶片从基部延伸至中裂片基部；褶片在前部内弯并合生。花期1~3月。

大九湖（东溪）有分布，野外种群数量较少；生于海拔700米的石山坡、林缘、林中空地。

兔耳兰 *Cymbidium lancifolium* Hook.
IUCN 濒危等级：NE
CITES 附录：Ⅱ

地生或石上附生。假鳞茎常多少簇生，近圆筒形或狭纺锤形，具3~5（~6）枚叶。叶倒披针状矩圆形。花序通常具2~8朵花；花苞片披针形；花通常白色至浅绿色，有时萼片与花瓣上有浅紫褐色中脉，唇瓣上有浅紫褐色斑；萼片倒披针状矩圆形；花瓣近矩圆形；唇瓣轮廓近卵状矩圆形，稍3裂；侧裂片直立，稍围抱蕊柱；中裂片宽卵形，下弯；唇盘上具2条纵褶片从基部延伸至中裂片基部；褶片在前端靠合，多少形成短管。花期5~8月。

九湖有分布，野外种群数量较少；生于海拔300~2200米疏林、竹林、阔叶林下、林缘或沿山谷腐殖质丰富的岩石上。

石斛属 *Dendrobium* Sw.

▶ 单叶厚唇兰 *Dendrobium fargesii* Finet
　　IUCN 濒危等级：EN
　　CITES 附录：Ⅱ

　　附生植物。假鳞茎斜立，近卵形，顶生1枚叶。叶厚革质，卵形或倒卵状椭圆形。花序生于假鳞茎顶端，具单朵花；花苞片膜质，卵形；花不甚张开，萼片和花瓣淡棕色；中萼片宽卵形；侧萼片斜卵状披针形；花瓣狭披针形；唇瓣小提琴状，前后唇约等宽；后唇白色两侧直立；前唇棕色，伸展，近肾形，先端深凹，边缘多少波状；唇盘具2条纵向的龙骨脊，其末端终止于前唇的基部并且增粗呈乳头状。花期4~5月。

　　神农架国家公园广布，野外种群数量较多；生于海拔600~1200米的沟谷岩石上或山地林中树干上。

▶ 曲茎石斛 Dendrobium flexicaule Z.H.Tsi, S.C.Sun & L.G.Xu
IUCN濒危等级：EN
CITES附录：Ⅱ
国家重点保护等级：Ⅰ

茎圆柱形，稍回折状弯曲，不分枝，具数节，干后淡棕黄色。叶2~4枚，二列，互生于茎的上部，近革质，长圆状披针形；花序具1~2朵花；花苞片浅白色，卵状三角形；花梗和子房黄绿色带淡紫；花开展，中萼片背面黄绿色，上端稍带淡紫色，长圆形；侧萼片背面黄绿色，上端边缘稍带淡紫色，斜卵状披针形，萼囊黄绿色，圆锥形；花瓣下部黄绿色，上部近淡紫色，椭圆形；唇瓣淡黄色，先端边缘淡紫色，中部以下边缘紫色，宽卵形，不明显3裂，唇盘中部前方有1个大的紫色扇形斑块，其后有1个黄色的马鞍形胼胝体。花期5月。

神农架国家公园广布，但野外种群数量极少；生于海拔700~1200米的山谷岩石上。

▶ 细叶石斛 *Dendrobium hancockii* Rolfe
IUCN濒危等级：NE
CITES附录：Ⅱ
国家重点保护等级：Ⅱ

附生植物。茎直立，圆柱形，通常分枝，具纵槽，干后深黄色或橙黄色，有光泽。叶通常3~6枚，互生于主茎和分枝的上部，狭长圆形。总状花序具1~2朵花；花苞片膜质，卵形；花梗和子房淡黄绿色，子房稍扩大。花质地厚，具香气，开展，金黄色；中萼片卵状椭圆形；侧萼片卵状披针形；花瓣斜倒卵形；唇瓣长宽相等，基部具1个胼胝体，中部3裂；侧裂片围抱蕊柱，近半圆形；中裂片近扁圆形；唇盘通常浅绿色。花期2~6月。

神农架国家公园低海拔河谷广布，种群数量极少；生于海拔600~1200米的山地林中树干上或山谷岩石上。

▶罗河石斛 *Dendrobium lohohense* Ts. Tang & F.T.Wang
　IUCN 濒危等级：EN
　CITES 附录：Ⅱ
　国家重点保护等级：Ⅱ

　　茎圆柱形，具多节，干后金黄色，具数条纵条棱。叶薄革质，二列，长圆形。花蜡黄色，稍肉质，总状花序减退为单朵花，直立；花苞片蜡质，小，阔卵形；子房常棒状肿大；花开展；中萼片椭圆形；侧萼片斜椭圆形；萼囊近球形；花瓣椭圆形；唇瓣不裂，倒卵形。花期6月。

　　神农架国家公园广布，种群数量极少；生于海拔400~800米山谷或林缘的岩石上。

▶ 铁皮石斛 *Dendrobium officinale* Kimura & Migo
　IUCN濒危等级：NE
　CITES附录：Ⅱ
　国家重点保护等级：Ⅱ

　　附生植物。茎直立或下垂，细圆柱形，干后淡黄色。叶革质，长圆状披针形。总状花序具2~5朵花；花序轴多少回折状弯曲；花苞片狭披针形，先端锐尖花黄绿色，后来转变为乳黄色，开展；中萼片卵状长圆形；侧萼片斜三角形；花瓣长圆形；唇瓣椭圆状菱形，不裂，前部外弯，先端锐尖，近基部中央具1个黄色胼胝体；唇盘密布短毛，其前方具1个横向的褐色斑块。花期4~5月。

　　红坪（长寿村）有分布，野外种群数量极少；生于海拔500~1200米山地林中树干上或山谷岩壁上。

大花石斛 *Dendrobium wilsonii* Rolfe
IUCN濒危等级：EN
CITES附录：Ⅱ
国家重点保护等级：Ⅱ

附生植物。茎直立或斜立，细圆柱形，不分枝。叶革质，二列，狭长圆形。总状花序，花大，红色；中萼片长圆状披针形；侧萼片三角状披针形，与中萼片等长；萼囊半球形；花瓣近椭圆形，先端锐尖；唇瓣卵状披针形，比萼片稍短而宽得多，3裂或不明显3裂；侧裂片直立，半圆形；中裂片卵形，先端急尖；唇盘中央具1个黄绿色的斑块，密布短毛；蕊柱长内面常具淡紫色斑点。花期5月。

神农架国家公园广布，野外种群数量极少；生于海拔700~1200米的阔叶林中树干上或山谷岩壁上。

虎舌兰属 *Epipogium* J.G.Gmel. ex Borkh.

▶ 裂唇虎舌兰 *Epipogium aphyllum* Sw.
   IUCN濒危等级：LC
   CITES附录：Ⅱ

腐生草本。茎直立，淡褐色，肉质，无绿叶，具数枚膜质鞘。总状花序顶生2~4朵花；花苞片狭卵状长圆形；花梗纤细；子房膨大；花黄色而带粉红色或淡紫色晕；萼片长圆状披针形；花瓣与萼片相似，常宽于萼片；唇瓣近基部3裂；侧裂片直立，近卵状长圆形；中裂片卵状椭圆形，凹陷。花期8~9月。

红坪（金猴岭）有分布，野外种群数量极少；生于海拔1200~3600米的林下、岩隙或苔藓丛生之地。

盆距兰属 *Gastrochilus* D.Don

▶ 台湾盆距兰 *Gastrochilus formosanus*（Hayata）Hayata
　　IUCN 濒危等级：NE
　　CITES 附录：Ⅱ

　　附生植物。茎匍匐、细长，常分枝。叶绿色，常两面带紫红色斑点，二列互生，稍肉质，长圆形或椭圆形。总状花序缩短呈伞状，具2~4朵花；花苞片膜质；花梗连同子房淡黄色带紫红色斑点；花淡黄色带紫红色斑点；中萼片凹陷的，椭圆形；侧萼片与中萼片等大，斜长圆形，先端钝；花瓣倒卵形；前唇白色，宽三角形或近半圆形；后唇近杯状。花期12~次年1月。

　　老君山有分布，野外种群数量较少；生于海拔300~700米的山地林中树干。

天麻属 *Gastrodia* R.Br.

▶ 天麻 *Gastrodia elata* Blume
　IUCN濒危等级：VU
　CITES附录：Ⅱ
　国家重点保护等级：Ⅱ

　　腐生植物。茎直立，黄色或灰棕色，无绿叶，下部被数枚膜质鞘。总状花序具10~50朵花；花苞片长圆状披针形；花梗和子房略短于花苞片；花扭转，橙黄、淡黄或黄白色，近直立；萼片和花瓣合生成花被筒，近斜卵状圆筒形，顶端具5枚裂片，筒的基部向前方凸出；外轮裂片卵状三角形，先端钝；内轮裂片近长圆形，较小；唇瓣长圆状卵圆形，3裂，基部有一对肉质胼胝体，上部离生，上面具乳突，边缘有不规则短流苏。花果期5~7月。

　　神农架国家公园广布，野外种群数量极少；生于海拔1500~2200米疏林下、林中空地、林缘、灌丛边缘。

羊耳蒜属 *Liparis* Rich.

▶ 羊耳蒜 *Liparis campylostalix* Rchb.f.
　　IUCN濒危等级：NE
　　CITES附录：Ⅱ

　　地生草本。假鳞茎卵形。叶2枚，卵形、卵状长圆形或近椭圆形。花序柄圆柱形，两侧在花期可见狭翅，果期则翅不明显；总状花序具数朵至10余朵花；花苞片狭卵形；花通常淡绿色，有时可变为粉红色或带紫红色；萼片线状披针形，侧萼片稍斜歪；花瓣丝状；唇瓣近倒卵形。花期5~8月。
　　广布于神农架国家公园低海拔地区，野外种群数量较多；生于海拔400~800米林下、灌丛中或草地荫蔽处。

▶ 小羊耳蒜 *Liparis fargesii* Finet
　IUCN 濒危等级：NE
　CITES 附录：Ⅱ

　　附生草本，很小，常成丛生长。假鳞茎近圆柱形，平卧，顶端具1叶。叶椭圆形或长圆形。花序柄扁圆柱形，两侧具狭翅，下部无不育花苞片；总状花序具2~3朵花；花苞片很小，狭披针形；花淡绿色；萼片线状披针形；花瓣狭线形；唇瓣近长圆形。花期9~10月。

　　宋洛、新华有分布，野外种群数量较少；生于海拔1700米以下的林中或荫蔽处的石壁或岩石上。

▶见血青 *Liparis nervosa* (Thunb.) Lindl.
 IUCN 濒危等级：NE
 CITES 附录：Ⅱ

地生草本。假鳞茎圆柱状，肥厚，肉质。叶 2~5 枚，卵状倒卵形至卵状椭圆形，膜质或草质。总状花序具数朵至数十朵花；花序轴具狭翅；花苞片小，披针形；花黄绿色至紫色；中萼片线形；侧萼片狭卵状长圆形，稍斜歪；花瓣丝状；唇瓣长圆状倒卵形，基部收狭并具 2 个近方形紫褐色的胼胝体。花期 2~7 月。

神农架国家公园低海拔地区有分布，野外种群数量较少；生于海拔 400~800 米林下、溪谷旁。

▶ 香花羊耳蒜 *Liparis odorata*（Willd.）Lindl.
　IUCN 濒危等级：NE
　CITES 附录：Ⅱ

地生草本。假鳞茎近卵形。叶2~3枚，狭椭圆形、卵状长圆形、长圆状披针形或线状披针形，膜质或草质。花葶明显高出叶面；总状花序疏生数朵至20余朵花；花苞片披针形，常平展；花淡绿褐色或绿黄色具紫色唇瓣；中萼片线形；侧萼片卵状长圆形，稍斜歪；花瓣近狭线形；唇瓣倒卵状长圆形或倒卵状近圆形，近基部有2个三角形的胼胝体；两胼胝体基部相连。花期4~7月。

神农架国家公园高海拔地区有分布，野外种群数量较少；生于海拔2500~2800米林下、疏林下或山坡草丛中。

▶长唇羊耳蒜 *Liparis pauliana* Hand.-Mazz.
IUCN濒危等级：NE
CITES附录：Ⅱ

附生草本。假鳞茎圆柱形，罕有近长圆形，基部常匍伏，上部直立，顶端生2枚叶。叶线状倒披针形或线状匙形，纸质。总状花序密生多花；花苞片狭披针形；花绿白色或淡绿黄色，仅唇瓣中间具橙黄色；中萼片近椭圆状矩圆形，先端钝，边缘外卷；侧萼片卵状椭圆形，略宽于中萼片；花瓣狭线形，先端浑圆；唇瓣近卵状长圆形，先端近急尖或具短尖头，边缘稍波状，从基部到中部两侧向内卷成槽状，从中部向外弯，无胼胝体。花期9~12月。

宋洛、新华有分布，野外种群数量较少；生于海拔1700米林中或山谷阴处的树上或岩石上。

沼兰属 *Malaxis* Sol. ex Sw.

▶ 原沼兰 *Malaxis monophyllos* (L.) Sw.
  IUCN 濒危等级：NT
  CITES 附录：Ⅱ

地生草本。假鳞茎卵形或卵球形，较小。叶通常1枚，较少2枚，卵形、长圆形。花葶直立；总状花序具10朵至数十朵花；花苞片披针形；花小，较密集，淡黄绿色；中萼片披针形；侧萼片线状披针形，先端渐尖；花瓣近丝状；唇瓣中裂片骤狭成线状披针形；唇盘近圆形、宽卵形，中央略凹陷，两侧边缘变为肥厚并具疣状突起，基部两侧有一对钝圆的短耳。花果期6~8月。

神农架国家公园广布，野外种群数量较少；生于海拔800~2400米林下、灌丛中或草坡上。

鸟巢兰属 *Neottia* Guett.

▶ 尖唇鸟巢兰 *Neottia acuminata* Schltr.
IUCN 濒危等级：LC
CITES 附录：Ⅱ

腐生植物。茎直立，无毛，具3~5枚鞘，无绿叶。总状花序顶生，具20余朵花；花序轴无毛，花苞片长圆状卵形，先端钝，无毛；花梗无毛；子房椭圆形，无毛；花小，黄褐色，常3~4朵聚生而呈轮生状；中萼片狭披针形，先端长渐尖，其1脉，无毛；侧萼片狭披针形；花瓣狭披针形；唇瓣形状变化较大，通常卵形、卵状披针形或披针形，先端渐尖或钝，边缘稍内弯，具1脉或3脉。花期6~8月。

神农顶、板壁岩有分布，野外种群数量极少；生于海拔2000~2400米的林下或荫蔽草坡上。

▸ 花叶对叶兰

Neottia puberula var. *maculata*(Ts. Tang & F. T. Wang) S. C. Chen, S.W.Gale & P.J.Cribb

IUCN濒危等级：NE

CITES附录：Ⅱ

　　地生植物。茎纤细，具2枚对生叶。叶片心形或宽卵状三角形，先端急尖，基部近心形，主脉呈灰白色；总状花序被短柔毛，疏生3~6朵花；花苞片披针形；花梗具短柔毛，子房花绿色；中萼片卵状披针形，先端急尖；侧萼片斜卵状披针形，先端急尖；花瓣线形；唇瓣窄倒卵状楔形或长圆状楔形，先端2裂；裂片长圆形，顶端稍向内弯曲。花期7~9月。

　　金猴岭有分布，野外种群数量较少；生于海拔2000~2300米的密林下阴湿处。

▸ 大花对叶兰 *Neottia wardii*（Rolfe）Szlach.
IUCN 濒危等级：NE
CITES 附录：Ⅱ

地生植物。茎纤细，具2枚对生叶，叶以上部分被短柔毛，并具1~2枚花苞片状小叶。叶片宽卵形，先端近于急尖，基部宽楔形或浅心形；花苞片状小叶卵状披针形。总状花序具2~7朵花；花苞片卵状披针形；花较大，绿黄色；中萼片菱状椭圆形，先端近急尖，具1脉；侧萼片斜椭圆状披针形，与中萼片近等大；花瓣线；唇瓣倒卵状楔形，基部明显变窄，表面有2条与蕊柱基部相连的纵褶片，先端2裂，中脉稍宽大；两裂片通常叉开，极少近平行；裂片近卵形或矩圆形，边缘具乳突状细缘毛。花期6~7月。

神农架国家公园高海拔地区有分布，野外种群数量较少；生于海拔2400米的冷杉林下。

鸢尾兰属 *Oberonia* Lindl.

▶ 狭叶鸢尾兰 *Oberonia caulescens* Lindl.
　　IUCN 濒危等级：NE
　　CITES 附录：Ⅱ

附生草本。茎明显。叶 5~6 枚，二列互生于茎上，两侧压扁，肥厚，线形。花葶生于茎顶端，近圆柱形，在花序下方有数枚不育花苞片；不育花苞片披针形；总状花序具数十朵；花序轴较纤细；花苞片披针形；花淡黄色或淡绿色，较小；中萼片卵状椭圆形；侧萼片近卵形，稍凹陷，大小与中萼片相近；花瓣近长圆形；唇瓣为倒卵状长圆形，基部两侧各有1个钝耳，先端2深裂；先端小裂片狭卵形、卵形至近披针形，叉开或伸直。花期 7~10 月。

阴峪河有分布，野外种群数量较少；生于海拔 800~1200 米林中树上或岩石上。

山兰属 *Oreorchis* Lindl.

▶ 长叶山兰 *Oreorchis fargesii* Finet
　　IUCN 濒危等级：NE
　　CITES 附录：Ⅱ

　　地生植物。假鳞茎椭圆形至近球形。叶2枚，偶有1枚，生于假鳞茎顶端，线状披针形或线形。总状花序具较密集的花；花苞片卵状披针形；花10余朵或更多，通常白色并有紫纹；萼片长圆状披针形；侧萼片斜歪并略宽于中萼片；花瓣狭卵形至卵状披针形；唇瓣长圆状倒卵形，近基部处3裂，基部具爪；侧裂片线形；中裂片近椭圆状倒卵形或菱状倒卵形；唇盘上在2枚侧裂片之间具1条短褶片状胼胝体，胼胝体中央有纵槽。花期5~6月。

　　老君山有分布，野外种群数量较少；生于海拔700~2600米的林下、灌丛中或沟谷旁。

囊唇山兰

Oreorchis foliosa var. *indica* (Lindl.) N.Pearce & P.J.Cribb
IUCN 濒危等级：NE
CITES 附录：II

地生植物。假鳞茎卵球形或近椭圆形，具2~3节。叶1枚，生于假鳞茎顶端，狭椭圆状披针形，基部具短柄。花葶从假鳞茎侧面发出，直立，中下部有2~3枚筒状鞘；总状花序，具4~9朵花；花苞片长圆状披针形；萼片与花瓣暗黄色而有大量紫褐色脉纹和斑，唇瓣白色而有紫红色斑；萼片狭长圆形；侧萼片略斜歪；花瓣狭卵形；唇瓣为倒卵状长圆形，在中部至上部1/3处略有3裂，基部具爪并有的囊状短距，中裂片边缘波状，先端有不规则缺刻。花期6月。

老君山有分布，野外种群数量较少；生于海拔2600~2800米的山坡草丛中。

▶ 硬叶山兰 *Oreorchis nana* Schltr.
IUCN 濒危等级：NE
CITES 附录：Ⅱ

地生小草本。假鳞茎长圆形或近卵球形；根状茎纤细。叶1枚，生于假鳞茎顶端，卵形至狭椭圆形。总状花序通常具5~14朵花；花苞片卵状披针形；萼片与花瓣上面暗黄色，背面栗色，唇瓣白色而有紫色斑；萼片近狭长圆形，先端钝或急尖；侧萼片略斜歪；花瓣镰状长圆形，先端钝或急尖；唇瓣轮廓近倒卵状长圆形，下部约1/3处3裂，基部无爪或有短爪；侧裂片近狭长圆形或狭卵形，稍内弯；中裂片近倒卵状椭圆形，边缘稍波状，有黑色或紫色斑点；唇盘基部有2条短的纵褶片；蕊柱粗短。花期6~7月。

老君山、神农顶有分布，野外种群数量较少；生于海拔2400~2800米的山坡草丛中。

鹤顶兰属 *Phaius* Lour.

▶黄花鹤顶兰 *Phaius flavus*（Blume）Lindl.
IUCN濒危等级：NE
CITES附录：Ⅱ

地生。假鳞茎卵状圆锥形。叶4~6枚，具黄色斑块，长椭圆形或椭圆状披针形。总状花序具数朵至20朵花；花苞片宿存，大而宽，披针形；花柠檬黄色，有时在萼片先端带绿色，上举，不甚张开，干后变靛蓝色；中萼片长圆状倒卵形，侧萼片斜长圆形，与中萼片等长，但稍狭；花瓣长圆状倒披针形；唇瓣贴生于蕊柱基部，与蕊柱分离，倒卵形，前端3裂，两面无毛；侧裂片近倒卵形；中裂片近圆形，稍反卷；唇盘具3~4条多少隆起的脊突；脊突褐色，有时在脊突两边具6~8条褐色纵条纹。花期4~10月。

神农架国家公园低海拔地区有分布，野外种群数量较少；生于海拔600米以下的山坡林下阴湿处。

钻柱兰属 *Pelatantheria* Ridl

▶ 蜈蚣兰 *Pelatantheria scolopendrifolia*（Makino）Aver.
   IUCN 濒危等级：NE
   CITES 附录：Ⅱ

附生。植物体匍匐，茎细长，多节，具分枝。叶革质，二列互生，两侧对折为半圆柱形。总状花序具1~2朵花；花苞片卵形；花质地薄，开展，萼片和花瓣浅肉色；中萼片卵状长圆形；侧萼片斜卵状长圆形，具3条脉；花瓣近长圆形，比中萼片要小，具1条脉；唇瓣白色带黄色斑点，3裂；侧裂片直立；中裂片舌状三角形，基部中央具1条通向距内的褶脊。花期4月。

红坪（阴峪河）有分布，野外种群数量较少；生于海拔700~1000米的崖石上、山地林中树干或倒木上。

独蒜兰属 *Pleione* D.Don

▶ 独蒜兰 *Pleione bulbocodioides* (Franch.) Rolfe
IUCN濒危等级：NE
CITES附录：Ⅱ
国家重点保护等级：Ⅱ

半附生。假鳞茎卵形，顶端具1枚叶。叶片狭椭圆状披针形，纸质。花叶不同期，花葶直立，顶端具1花；花苞片倒卵状披针形；花粉红色至淡紫红色，唇瓣上具紫红色斑；中萼片长圆状倒披针形；侧萼片稍斜歪，倒卵状披针形；花瓣镰刀状倒披针形；唇瓣倒卵形，不明显3裂，先端微缺，上部边缘撕裂状，中部边缘略显细波状，基部多少贴生于蕊柱上，具4~5条褶片；褶片啮蚀状，中央褶片常较短而宽，有时不存在。花期3~4月。

官门山、万朝山有分布，野外种群数量较少；生于海拔1600~2000米常绿阔叶林下或灌木林缘腐殖质丰富的土壤中或苔藓覆盖的岩石上。

白点兰属 *Thrixspermum* Lour.

▶ 小叶白点兰 *Thrixspermum japonicum* (Miq.) Rchb.f.
IUCN 濒危等级：NE
CITES 附录：Ⅱ

附生草本。茎斜立和悬垂。叶薄革质，长圆形。花序常2至多朵花，对生于叶，多少等长于叶；花序柄纤细，被2枚鞘；花序轴疏生少数花；花苞片疏离、二列，宽卵状三角形；花淡黄色；中萼片长圆形；侧萼片卵状披针形，与中萼片等长而稍较宽；花瓣狭长圆形；唇瓣基部具爪，3裂；侧裂片近直立而向前弯曲，狭卵状长圆形，上端圆形；中裂片很小，半圆形，肉质，背面多少呈圆锥状隆起；唇盘基部稍凹陷，密被绒毛。花期9~10月。

下谷有分布，野外种群数量较少；生于海拔700米的路边林地。

筒距兰属 *Tipularia* Nutt.

▶ 筒距兰 *Tipularia szechuanica* Schltr.
　IUCN 濒危等级：NE
　CITES 附录：Ⅱ

　　地生。假鳞茎圆筒状，貌似根状茎。叶1枚，卵形。花葶较纤细；总状花序疏生5~9朵花；花淡紫灰色，常平展；萼片狭长圆状披针形或近狭长圆形；花瓣狭椭圆形；唇瓣略短于萼片，近基部处3裂；侧裂片宽卵形；中裂片舌状。花期6~7月。

　　红坪、金猴岭有分布，野外种群数量较少；生于海拔2400米冷杉林下。

参考文献

邓涛,张代贵,孙航,2017. 神农架地区植物志[M]. 北京:中国林业出版社,1:344–391.

傅书遐,张树藩,郑洁华,等,2002. 湖北植物志[M]. 武汉:湖北科学技术出版社,4:577–645.

杨林森,王志先,王静,等,2017. 湖北兰科植物多样性及其区系地理特征[J]. 广西植物,37(11):1428–11442.

吴浩,徐耀粘,江明喜,2021. 神农架国家公园植物多样性监测与评估研究[J]. 长江流域资源与环境,30(06): 1384–11392.

郑重,1993. 湖北植物大全[M]. 武汉:武汉大学出版社,585–601.

Averyanov L V, 2011. The orchids of Vietnam illustrated survey. Part3. Subfamily Epidendroideae (primitive tribes–Neottieae, Vanilleae, Gastrodieae, Nerviliea)[J]. Turczaninowia, 14(2): 15–100.

Chase M W, Gravendeel B, Sulistyo B P, Wati R K and Schuiteman A, 2021. Expansion of the orchid genus *Coelogyne* (Arethuseae; Epidendroideae) to include *Bracisepalum*, *Bulleyia*, *Chelonistele*, *Dendrochilum*, *Dickasonia*, *Entomophobia*, *Geesinkorchis*, *Gynoglottis*, *Ischnogyne*, *Nabaluia*, *Neogyna*, *Otochilus*, *Panisea* and *Pholidota*[J]. Phytotaxa, 510(2): 094–134.

Chen X Q, Cribb P J, 2007. Flora of China: Orchidaceae[M] In: Wu Z Y, Peter H R, Hong D Y eds. Beijing: Science Press; St.

Louis: Missouri Botanical Garden, 25:1-506.

Liu Y W, Zhou X X, Schuiteman A, et al, 2019. Taxonomic notes on *Goodyera* (Goodyerinae, Cranichideae, Orchidoideae, Orchidaceae) in China and an addition to orchid flora of Vietnam[J]. Phytotaxa, 395(1): 27-34.

Liu D K, Tu X D, Zhao Z, et al, 2020. Plastid phylogenomic data yield new and robust insights into the phylogeny of *Cleisostoma-Gastrochilus* clades (Orchidaceae, Aeridinae)[J]. Molecular phylogenetics and evolution, 145:106729.

Qin R, Liu H, Lan D Q, 2023. Orchids in Hubei Province[M]. Beijing:Science Press, 1-226.

POWO, 2024. Plants of the world online. Facilitated by the royal botanic gardens, Kew. Published on the internet. Retrieved August 23, 2024, from http://www.plantsoftheworldonline.org

Schuiteman A, Cribb P, Adams P, et al, 2022. (2894) Proposal to conserve *Dendrobium officinale*, nom. cons., against the additional name *D. catenatum* (Orchidaceae)[J]. Taxon, 71(3):691-3.

Tang Y, Yukawa T, Bateman R M, et al, 2015. Phylogeny and classification of the East Asian *Amitostigma* alliance (Orchidaceae: Orchideae) based on six DNA markers[J]. BMC evolutionary biology, 15:1-32.

Yu F Q, Deng H P, Wang Q, et al, 2017. *Calanthe wuxiensis* (Orchidaceae: Epidendroideae), a new species from Chongqing China[J]. Phytotaxa, 317(2): 152-156.

Yukawa T, 2016. Taxonomic notes on the Orchidaceae of Japan and adjacent regions[J]. Bulletin of the National Museum of Nature and Science, Series B (Botany), 42: 103-111.

中文名索引

A

凹舌兰　36

B

白点兰属　212
白及　106
白及属　102
斑唇卷瓣兰　114
斑叶兰　52
斑叶兰属　42
贝母兰属　148
叉唇角盘兰　78

C

长唇羊耳蒜　188
长距玉凤花　60
长叶山兰　200
齿唇兰属　80
川滇叠鞘兰　5,**34**
春兰　158

D

大花斑叶兰　42
大花对叶兰　196
大花石斛　172
大黄花虾脊兰　132
大叶火烧兰　40
大叶构兰　18
单叶厚唇兰　162
叠鞘兰属　34
东亚舌唇兰　94
独花兰　146
独花兰属　146
独蒜兰　5,**210**
独蒜兰属　210
杜鹃兰　4,5,**152**
杜鹃兰属　152
对耳舌唇兰　86
对叶构兰　12
多花兰　156
多叶斑叶兰　7,**46**

E

峨边虾脊兰 6,**138**

鹅毛玉凤花 62

二叶兜被兰 68

G

钩距虾脊兰 128

光萼斑叶兰 48

广布小红门兰 6,**66**

广东石豆兰 108

H

鹤顶兰属 206

弧距虾脊兰 120

虎舌兰属 174

花叶对叶兰 194

华西杓兰 7,**16**

黄花白及 104

黄花鹤顶兰 5,**206**

黄花杓兰 20

蕙兰 154

火烧兰 38

火烧兰属 38

J

尖唇鸟巢兰 192

见血青 184

剑叶虾脊兰 124

角盘兰属 78

金兰 142

金线兰 5,**32**

金线兰属 32

K

宽药隔玉凤花 64

阔蕊兰属 84

L

兰属 5,**154**

离萼杓兰 30

莲座叶斑叶兰 44

裂唇虎舌兰 174

裂唇舌喙兰 74

流苏虾脊兰 118

罗河石斛 168

绿花杓兰 26

M

毛瓣杓兰 6,7,**14**

毛萼山珊瑚 4,5,6,**8**

毛杓兰 22

毛莛玉凤花 58

毛药卷瓣兰　112
密花舌唇兰　88
密花石豆兰　110

N

囊唇山兰　202
鸟巢兰属　5,192

P

盆距兰属　176

Q

曲茎石斛　164
全唇兰　7,80

R

绒叶斑叶兰　54
肉果兰属　6,8

S

三棱虾脊兰　134
山兰属　200
扇唇舌喙兰　70
扇脉杓兰　28
杓兰属　5,12
舌唇兰　90

舌唇兰属　86
舌喙兰属　66
肾唇虾脊兰　122
石豆兰属　5,108
石斛属　5,162
手参属　56
绶草　98
绶草属　96
瘦房兰　150

T

台湾盆距兰　176
天麻　4,178
天麻属　178
铁皮石斛　170
筒距兰　214
筒距兰属　214
头蕊兰　4,144
头蕊兰属　140
兔耳兰　160

W

巫溪虾脊兰　6,136
无柱兰　6,72
蜈蚣兰　208

X

西南齿唇兰　7,**82**

西南手参　5,**56**

细花虾脊兰　130

细叶石斛　166

虾脊兰　126

虾脊兰属　116

狭叶鸢尾兰　198

线柱兰　100

线柱兰属　100

香港绶草　7,**96**

香花羊耳蒜　186

小白及　102

小斑叶兰　50

小花阔蕊兰　84

小舌唇兰　92

小羊耳蒜　182

小叶白点兰　212

Y

羊耳蒜　180

羊耳蒜属　180

一花无柱兰　6,**76**

银兰　140

硬叶山兰　204

玉凤花属　5,**58**

鸢尾兰属　198

原沼兰　5,**190**

云南石仙桃　148

Z

泽泻虾脊兰　116

掌裂兰属　36

沼兰属　190

朱兰　10

朱兰属　10

紫点杓兰　6,**24**

钻柱兰属　208

拉丁名索引

A

Anoectochilus 32

Anoectochilus roxburghii 5, **32**

B

Bletilla 102

Bletilla formosana 102

Bletilla ochracea 104

Bletilla striata 106

Bulbophyllum 5, **108**

Bulbophyllum kwangtungense 108

Bulbophyllum odoratissimum 110

Bulbophyllum omerandrum 112

Bulbophyllum pecten-veneris 114

C

Calanthe 116

Calanthe alismifolia 116

Calanthe alpina 118

Calanthe arcuata 120

Calanthe brevicornu 122

Calanthe davidii 124

Calanthe discolor 126

Calanthe graciliflora 128

Calanthe mannii 130

Calanthe striata 132

Calanthe tricarinata 134

Calanthe wuxiensis 6, **136**

Calanthe yueana 6, **138**

Cephalanthera 5, **140**

Cephalanthera erecta 140

Cephalanthera falcata 142

Cephalanthera longifolia 4, **144**

Chamaegastrodia 34

Chamaegastrodia inverta 5, **34**

Changnienia 146

Changnienia amoena **146**

Coelogyne 148

Coelogyne kouytcheensis 148

Coelogyne mandarinorum 150

Cremastra 152

Cremastra appendiculata 4,5,**152**

Cymbidium 5,**154**

Cymbidium faberi 154

Cymbidium floribundum 156

Cymbidium goeringii 158

Cymbidium lancifolium 160

Cypripedium 5,**12**

Cypripedium debile 12

Cypripedium fargesii 6,7,**14**

Cypripedium farreri 7,**16**

Cypripedium fasciolatum 18

Cypripedium flavum 20

Cypripedium franchetii 22

Cypripedium guttatum 6,**24**

Cypripedium henryi 26

Cypripedium japonicum 28

Cypripedium plectrochilum 30

Cyrtosia 6,8

Cyrtosia lindleyana 4,5,6,**8**

D

Dactylorhiza 36

Dactylorhiza viridis 36

Dendrobium 5,**162**

Dendrobiu fargesii 162

Dendrobiu flexicaule 164

Dendrobiu hancockii 166

Dendrobiu lohohense 168

Dendrobiu officinale 170

Dendrobiu wilsonii 172

E

Epipactis 38

Epipactis helleborine 38

Epipactis mairei 40

Epipogium 174

Epipogium aphyllum 174

G

Gastrochilus 176

Gastrochilus formosanus 176

Gastrodia 178

Gastrodia elata 4,**178**

Goodyera 42

Goodyera biflora 42

Goodyera brachystegia 44

Goodyera foliosa 7,**46**

Goodyera henryi 48

Goodyera repens 50

Goodyera schlechtendaliana 52

Goodyera similis 54

Gymnadenia 56

Gymnadenia orchidis 5,**56**

H

Habenaria 5,**58**

Habenaria ciliolaris 58

Habenaria davidii 60

Habenaria dentata 62

Habenaria limprichtii 64

Hemipilia 6,**66**

Hemipilia chusua 6,**66**

Hemipilia cucullata 68

Hemipilia flabellata 70

Hemipilia gracilis 6,**72**

Hemipilia henryi 74

Hemipilia monantha 6,**76**

Herminium 78

Herminium lanceum 78

L

Liparis 180

Liparis campylostalix 180

Liparis fargesii 182

Liparis nervosa 184

Liparis odorata 186

Liparis pauliana 188

M

Malaxis 190

Malaxis monophyllos 5,**190**

N

Neottia 5,**192**

Neottia acuminata 192

Neottia puberula var. *maculata* 194

Neottia wardii 196

O

Oberonia 198

Oberonia caulescens 198

Odontochilus 80

Odontochilus chinensis 7,**80**

Odontochilus elwesii 7,**82**

Oreorchis 5,**200**

Oreorchis fargesii 200

Oreorchis foliosa var. *indica* 7,**202**

Oreorchis nana 7,**204**

P

Pelantheria 208

Pelantheria scolopendrifolia 208

Peristylus 84

Peristylus affinis 84

Phaius   206

Phaius flavus   5, **206**

Platanthera   86

Platanthera finetiana   86

Platanthera hologlottis   88

Platanthera japonica   90

Platanthera minor   92

Platanthera ussuriensis   94

Pleione   210

Pleione bulbocodioides   5, **210**

Pogonia   10

Pogonia japonica   10

S

Spiranthes   96

Spiranthes hongkongensis   7, 96

Spiranthes sinensis   98

T

Thrixspermum   212

Thrixspermum japonicum   212

Tipularia   214

Tipularia szechuanica   214

Z

Zeuxine   100

Zeuxine strateumatica   100